# A RESPONSABILIDADE DO HOMEM PÓS-QUEDA NO AQUECIMENTO GLOBAL

## aquecimento global

## Luiz Tozzo

**2023**

# Título: A Responsabilidade Do Homem Pós-Queda No Aquecimento Global

## Dedicatória

Dedico a todos os leitores e a todos os que compartilham um interesse pela escatologia bíblica, desejo que este livro seja uma bênção em suas vidas. Que ele inspire, desafie e fortaleça sua fé, levando-os a uma compreensão mais profunda do futuro revelado por Deus.

Que Deus, em Sua infinita graça, continue a nos guiar e nos revelar Seus desígnios, enquanto aguardamos o cumprimento final de Suas promessas.

Com amor e gratidão,

Luiz Tozzo

# Prefácio

Neste livro, intitulado "A Responsabilidade do Homem Pós-Queda no Aquecimento Global", o autor Luiz Tozzo nos convida a uma jornada profunda de reflexão sobre a relação do ser humano com a natureza e os desafios ambientais enfrentados pela humanidade na contemporaneidade. Em sua tese de conclusão para o curso de Bacharel em Teologia, o autor empreendeu uma investigação minuciosa que busca conectar os ensinamentos bíblicos e as questões ambientais atuais, levando-nos a uma compreensão mais abrangente da responsabilidade do homem em relação ao meio ambiente após a queda do Jardim do Éden.

Através de uma abordagem interdisciplinar, Luiz Tozzo apresenta uma análise cuidadosa da narrativa do Jardim do Éden conforme registrado no livro de Gênesis, revelando sua relevância para a compreensão do papel do homem como administrador e guardião da criação. A partir dessa base bíblica, o autor nos conduz a uma reflexão profunda sobre o significado e o simbolismo desse cenário paradisíaco e de como a relação direta entre Deus e o homem pode oferecer insights valiosos para a compreensão de nossa responsabilidade como seres humanos pós-queda no contexto do aquecimento global.

O trabalho de Luiz Tozzo também explora minuciosamente os principais fatores que contribuem para o aquecimento global, destacando as atividades humanas, como a queima de combustíveis fósseis, o desmatamento e a intensificação da agricultura, que têm liberado quantidades significativas de gases de efeito estufa na atmosfera. Ao analisar os impactos climáticos em escala global, o autor nos apresenta uma visão realista das consequências dessas ações para os ecossistemas terrestres e aquáticos, bem como para o aumento do nível do mar e suas ramificações.

Ao longo desta obra, Luiz Tozzo não apenas nos traz à tona os desafios e dilemas da relação do homem com o meio ambiente, mas também abre espaço para reflexões sobre a ética da responsabilidade para com as gerações futuras e sobre as abordagens religiosas e filosóficas que podem nos guiar rumo à sustentabilidade. Através da análise das políticas governamentais e internacionais, o autor nos convida a refletir sobre a necessidade urgente de cooperação global para encontrar soluções efetivas diante do aquecimento global.

O livro "A Responsabilidade do Homem Pós-Queda no Aquecimento Global" é uma obra singular que mescla sabedoria bíblica, conhecimentos teológicos e insights científicos para abordar um tema de extrema relevância para o nosso tempo. Luiz Tozzo nos convida a transcender as fronteiras das disciplinas e a unir esforços em busca de uma visão de futuro sustentável para o nosso planeta. Através da esperança e do trabalho conjunto, o autor nos mostra que podemos ser agentes de mudança e que cada um de nós tem a responsabilidade de contribuir para a preservação do meio ambiente e para um mundo mais equitativo e harmonioso.

É com grande satisfação que apresentamos este livro, fruto de um trabalho árduo e dedicado do autor Luiz Tozzo, cujo comprometimento com o tema e a busca pela sabedoria nos inspiram a refletir sobre nosso papel como guardiões da criação. Que esta obra nos conduza a uma profunda transformação pessoal e coletiva, incentivando-nos a agir em favor da sustentabilidade e do bem-estar de toda a vida em nosso planeta.

# Sumário

por soluções

Conclusão

Recapitulação

Referências Bibliograficas

# Introdução

## A Responsabilidade do Homem Pós-Queda no Aquecimento Global

O aquecimento global é uma das maiores crises ambientais que a humanidade enfrenta na atualidade. Seus efeitos têm sido cada vez mais evidentes, com o aumento das temperaturas globais, o derretimento das calotas polares, o aumento do nível do mar e a ocorrência de eventos climáticos extremos. Diante dessa realidade, surge a necessidade urgente de compreendermos o papel e a responsabilidade do homem em relação a essa crise ambiental.

O livro "A Responsabilidade do Homem Pós-Queda no Aquecimento Global" propõe uma profunda reflexão sobre essa temática crucial, buscando desvendar os vínculos entre a narrativa bíblica e as questões ambientais contemporâneas. O autor, Luiz Tozzo, empreende uma abordagem interdisciplinar, combinando conhecimentos teológicos, análises científicas e reflexões éticas para lançar luz sobre a responsabilidade do ser humano no cenário pós-queda do Jardim do Éden.

Desde os primórdios da história humana, o homem tem buscado compreender seu lugar no mundo e sua relação com a natureza. A narrativa do Jardim do Éden, registrada no livro de Gênesis, descreve um paraíso terrestre onde a natureza floresce em harmonia perfeita, e o homem, Adão, é designado por Deus como o guardião dessa criação divina. No entanto, a queda do homem marca o início de uma jornada repleta de desafios e dilemas, em que a relação com a natureza se torna mais complexa e problemática.

Neste livro, adentramos na descrição detalhada do Jardim do Éden, explorando seus simbolismos e significados, para compreendermos o papel original do homem como guardião da criação divina. A análise minuciosa da narrativa bíblica nos proporciona uma base sólida para compreendermos a responsabilidade do ser humano pós-queda em relação ao meio ambiente.

Ao longo das páginas desta obra, o autor nos conduz em uma jornada pela atual crise climática, discutindo os principais fatores que contribuem para o aquecimento global. A queima de combustíveis fósseis, o desmatamento e o uso intensivo da terra para a agricultura são algumas das atividades humanas que têm liberado quantidades significativas de gases de efeito estufa na atmosfera, agravando o efeito estufa e intensificando o aquecimento global.

Além disso, o livro apresenta uma visão realista das consequências do aquecimento global em escala global, abordando os impactos nos ecossistemas terrestres e aquáticos, bem como o aumento do nível do mar e suas implicações para as comunidades vulneráveis e para a biodiversidade.

Mas o livro não se limita a apontar os desafios e dilemas enfrentados pela humanidade no cenário atual. Luiz Tozzo nos conduz à reflexão sobre a ética da responsabilidade para com as gerações futuras e nos apresenta abordagens religiosas e filosóficas em prol da sustentabilidade.

A necessidade de cooperação global para soluções efetivas também é um ponto central nesta obra. Políticas governamentais e internacionais, assim como o papel da iniciativa privada, são discutidos como aspectos essenciais na busca por um futuro sustentável.

Diante do desafio climático, o livro nos convida a vislumbrar um futuro sustentável. A esperança e o trabalho conjunto emergem como elementos fundamentais na luta contra o aquecimento global. Através da cooperação entre nações, da inovação tecnológica, do fortalecimento da governança ambiental, do comprometimento empresarial e do investimento em pesquisa e desenvolvimento, podemos construir um mundo mais verde e equitativo para as gerações presentes e futuras.

"A Responsabilidade do Homem Pós-Queda no Aquecimento Global" é uma obra essencial para todos aqueles que buscam compreender a complexidade da crise climática e encontrar caminhos para agir em prol da preservação do meio ambiente. Através de uma abordagem que alia sabedoria bíblica, conhecimentos teológicos e insights científicos, o autor nos convida a refletir sobre o nosso papel como agentes de mudança, capazes de contribuir para um futuro mais sustentável para a nossa casa comum, a Terra.

# Capítulo 1: O Jardim Do Éden E A Responsabilidade Humana

Descrição do Jardim do Éden na Bíblia

Papel e responsabilidade do homem como guardião da criação

A queda e suas implicações para a relação homem-natureza

## 1.1 Descrição do Jardim do Éden na Bíblia

O primeiro capítulo deste livro se inicia com a exploração detalhada da narrativa do Jardim do Éden conforme registrado no livro de Gênesis. Nessa seção, será apresentada uma descrição do Jardim como um lugar paradisíaco de beleza incomparável e abundância, onde a natureza floresce em harmonia perfeita. Detalhes sobre a presença das árvores da vida e do conhecimento do bem e do mal, a presença dos rios que irrigavam o Jardim e a relação direta entre Deus e o homem serão cuidadosamente discutidos, a fim de contextualizar o significado e o simbolismo desse cenário bíblico.

O primeiro capítulo deste livro nos convida a adentrar no relato bíblico do Jardim do Éden, apresentado no livro de Gênesis, e a explorar detalhadamente esse ambiente mítico e sagrado. Nesta seção inicial, seremos imersos em uma descrição minuciosa do Jardim, um lugar paradisíaco de beleza incomparável e abundância, onde a natureza floresce em uma harmonia perfeita.

O Jardim do Éden é retratado como um cenário idílico, cuidadosamente planejado por Deus para acolher o primeiro casal humano, Adão e Eva. Será revelado como um refúgio celestial, abençoado com rios que irrigavam a terra e forneciam vida a toda a criação. A presença de árvores de significado espiritual profundo, como a árvore da vida e a árvore do conhecimento do bem e do mal, será explorada para compreendermos o seu papel simbólico na narrativa.

A riqueza de detalhes sobre o Jardim nos permitirá compreender sua importância como um espaço de conexão direta entre Deus e o homem. Nesse ambiente sagrado, Adão e Eva desfrutavam de uma comunhão íntima com o Criador, manifestando-se como uma relação de proximidade e confiança entre o divino e o humano. O Jardim do Éden, portanto, transcende a noção de um mero espaço físico e se apresenta como uma dimensão espiritual, onde a humanidade experimentava a plenitude da existência em união com a criação divina.

A contextualização do significado e do simbolismo desse cenário bíblico é essencial para compreendermos a importância da responsabilidade humana como guardião da criação. O Jardim do Éden nos oferece um modelo inspirador de convivência em equilíbrio com a natureza, onde o ser humano atua como administrador e zelador das maravilhas divinas presentes na Terra. Essa perspectiva ressalta que a criação não é apenas um recurso a ser explorado, mas um presente divino a ser preservado e protegido com cuidado e reverência.

Ao mergulharmos nessa exploração, somos convidados a refletir sobre a relação intrínseca entre o Jardim do Éden e as questões ambientais atuais. Ao compreendermos o cenário paradisíaco como uma metáfora da conexão original e harmoniosa entre o homem e a natureza, somos instigados a questionar como podemos resgatar essa relação perdida, especialmente diante dos desafios ambientais contemporâneos, como o aquecimento global, a destruição de ecossistemas e a perda de biodiversidade.

Assim, o início deste livro nos incita a apreciar a beleza e a importância simbólica do Jardim do Éden e, ao mesmo tempo, a reconhecer a nossa responsabilidade pós-queda em relação ao meio ambiente. A narrativa bíblica nos convida a refletir sobre o papel do homem como guardião da criação e a buscar soluções sustentáveis e conscientes que nos permitam reconectar com a natureza de maneira equilibrada e respeitosa, honrando o legado divino e garantindo a preservação do planeta para as gerações futuras.

## 1.2 Papel e responsabilidade do homem como guardião da criação

Nesta seção, exploraremos o papel atribuído ao homem como administrador e guardião do Jardim do Éden. A Bíblia descreve o homem, Adão, como aquele a quem Deus confiou a tarefa de cultivar e guardar o Jardim, indicando sua posição de responsabilidade sobre a criação. Serão abordadas reflexões sobre o significado dessa missão confiada ao ser humano, ressaltando a ideia de que a natureza não era apenas um recurso a ser explorado, mas uma criação divina a ser preservada e cuidada.

A Bíblia apresenta o homem, Adão, como aquele a quem Deus confiou a tarefa de cultivar e guardar o Jardim do Éden, ressaltando assim o papel e a responsabilidade do ser humano como guardião da criação. Essa atribuição simbólica estabelece uma conexão intrínseca entre a humanidade e a natureza, e nos convida a refletir sobre a importância dessa missão confiada ao homem desde os primórdios.

Ao explorarmos essa seção, é essencial compreender que a responsabilidade de Adão como guardião da criação não é simplesmente de uma gestão dominante, mas de uma parceria com a natureza. A palavra "guardar" sugere cuidado, proteção e preservação, enquanto "cultivar" implica em trabalhar com a terra de forma apropriada e produtiva. Essa dualidade reflete uma relação equilibrada e respeitosa com o ambiente em que o ser humano está inserido.

A noção de que a natureza não é apenas um recurso a ser explorado, mas uma criação divina a ser preservada e cuidada, é fundamental nesta reflexão. O Jardim do Éden, como símbolo da criação perfeita e harmoniosa de Deus, representa um modelo para a relação saudável entre o homem e a natureza. A responsabilidade de Adão em cuidar e proteger o Jardim nos leva a questionar como podemos aplicar esse princípio em nossa própria relação com o meio ambiente.

Essa missão de cuidar e preservar a criação divina se estende para além do Jardim do Éden e alcança toda a Terra. A ideia de que o ser humano é colocado como administrador e guardião do planeta nos implica em agir com consciência e responsabilidade em relação aos recursos naturais e à biodiversidade. Essa responsabilidade não é apenas individual, mas coletiva, abrangendo toda a humanidade em sua jornada conjunta na Terra.

Contudo, ao longo da história, a humanidade nem sempre cumpriu essa responsabilidade de forma adequada. A exploração desenfreada dos recursos naturais, a poluição e a degradação ambiental são exemplos de como a desconexão do homem com seu papel de guardião pode levar a consequências danosas para a natureza e para nós mesmos.

Neste contexto, a abordagem da responsabilidade do homem como guardião da criação pode ser revigorante e transformadora. Ela nos chama a repensar nossas atitudes e ações em relação ao meio ambiente, inspirando-nos a adotar práticas mais sustentáveis e respeitosas. Reconectar-se com essa responsabilidade é reconhecer que somos parte de um sistema interdependente, onde nossas escolhas e ações têm impactos diretos na vida de outras espécies e no equilíbrio dos ecossistemas.

A partir dessa reflexão, somos convidados a assumir um compromisso de proteção e cuidado com a criação divina. Isso implica em buscar soluções que promovam a preservação da biodiversidade, a redução das emissões de gases de efeito estufa e a adoção de práticas mais sustentáveis em nossas atividades cotidianas. É um chamado para trilhar um caminho de harmonia com a natureza, como verdadeiros guardiões da Terra.

Ao nos aprofundarmos na compreensão do papel e responsabilidade do homem como guardião da criação, reconhecemos que essa missão não é apenas uma obrigação moral, mas uma oportunidade de cultivar uma relação mais significativa e enriquecedora com a natureza e com o divino. A busca por uma convivência mais harmoniosa e sustentável com a Terra nos conecta com nossas origens mais profundas, lembrando-nos de que somos parte integrante dessa teia da vida e que a preservação do equilíbrio ambiental é essencial para garantir o bem-estar e a prosperidade de todas as formas de vida neste planeta que chamamos de lar.

1.3 A queda e suas implicações para a relação homem-natureza

A terceira seção deste capítulo abordará o evento crucial da queda do homem, que ocorreu quando Adão e Eva desobedeceram ao mandamento divino de não comer do fruto proibido da árvore do conhecimento do bem e do mal. Exploraremos as consequências dessa escolha, incluindo o afastamento do homem de sua conexão original com a natureza e com Deus. Analisaremos como essa ruptura alterou a relação do homem com a criação, resultando em uma compreensão distorcida de seu papel como guardião da Terra.

Nessa análise, será enfatizada a ideia de que a queda não apenas afetou a espiritualidade do homem, mas também teve implicações práticas em relação à sua relação com a natureza. A partir desse momento, a tendência humana de explorar a natureza de forma egoísta e desordenada surgiu, dando origem a problemas ambientais que ainda enfrentamos nos dias de hoje.

Ao final deste capítulo, serão apresentadas reflexões sobre como a compreensão da narrativa do Jardim do Éden pode nos fornecer insights valiosos sobre a importância da responsabilidade humana em relação à criação, e como a busca por uma conexão restaurada com a natureza pode ser fundamental para enfrentar os desafios ambientais atuais e futuros. A narrativa bíblica do Jardim do Éden nos convida a refletir sobre nossa relação com o meio ambiente e nossa responsabilidade de preservar e proteger a beleza e a vitalidade da Terra para as gerações presentes e futuras.

## 1.4 Conexões entre o Jardim do Éden e a Responsabilidade Ambiental Atual

Nesta última seção do Capítulo 1, faremos uma análise mais profunda das conexões entre a narrativa do Jardim do Éden e as questões ambientais atuais. Examinaremos como os princípios apresentados no relato bíblico podem ser aplicados ao nosso contexto contemporâneo, onde enfrentamos desafios ambientais complexos, como o aquecimento global, a perda de biodiversidade e a degradação dos ecossistemas.

Será destacada a importância da noção de responsabilidade humana como guardião da criação, a qual pode ser interpretada como uma chamada à ação para a preservação do meio ambiente. A reflexão sobre a responsabilidade do homem perante a natureza, fundamentada na ideia de que fomos designados para cuidar e proteger a Terra, pode nos inspirar a repensar nossas atitudes em relação ao planeta e a adotar práticas mais sustentáveis e respeitosas.

Nesta seção, também discutiremos como a queda do homem na narrativa bíblica pode ser associada à exploração desenfreada dos recursos naturais, à busca incessante por poder e ao desequilíbrio ecológico. A partir dessa análise, faremos um paralelo com a realidade atual, destacando a importância de reconhecermos as consequências de nossas ações sobre o meio ambiente e a urgência de uma mudança de paradigma para promover a sustentabilidade e a restauração dos ecossistemas.

Além disso, enfatizaremos a necessidade de uma abordagem mais ética e espiritual em relação às questões ambientais, incorporando valores de respeito, cuidado e interdependência em nossa relação com a natureza. A espiritualidade pode desempenhar um papel crucial ao sensibilizar as pessoas sobre a importância de proteger o meio ambiente como uma expressão de nossa conexão com o divino e com toda a criação.

Ao concluir este capítulo, o leitor é convidado a refletir sobre a responsabilidade individual e coletiva em relação ao meio ambiente, reconhecendo que cada um de nós tem um papel a desempenhar na busca por soluções sustentáveis. A história do Jardim do Éden nos relembra que somos parte de um ecossistema interconectado e que nossas escolhas e ações têm um impacto significativo sobre a Terra. Assumir a responsabilidade humana pós-queda do Jardim do Éden é reconhecer a importância de preservar e proteger a criação divina, não apenas como um dever moral, mas também como um ato de amor e gratidão pela maravilha e beleza do mundo natural que nos cerca.

## 1.5 Redescobrindo a Conexão com a Natureza

Na última parte deste capítulo, exploramos como a narrativa do Jardim do Éden pode ser uma fonte de inspiração para redescobrirmos nossa conexão com a natureza e para reconstruirmos uma relação mais saudável e equilibrada com o meio ambiente. Analisamos como a busca por uma espiritualidade ecológica, que reconhece a sacralidade da natureza e a interdependência de todas as formas de vida, pode nos guiar em direção a práticas mais sustentáveis.

Abordaremos também como as tradições religiosas e filosóficas, ao promoverem uma compreensão mais profunda da relação do homem com a natureza, podem se tornar aliadas importantes na conscientização ambiental. As lições contidas na narrativa bíblica podem ser aplicadas de maneira abrangente, transcendendo fronteiras religiosas, e servir como um chamado universal para o cuidado com o planeta.

Nesta seção, discutiremos ainda a importância da educação ambiental como ferramenta para despertar uma consciência sustentável nas gerações presentes e futuras. Ao compreendermos nossa responsabilidade como guardiões da Terra, seremos incentivados a promover mudanças positivas em nossos hábitos cotidianos, buscando alternativas mais ecologicamente conscientes.

1.6 A Responsabilidade como Caminho para um Futuro Sustentável

Ao final deste capítulo, concluiremos ressaltando a relevância da responsabilidade humana como caminho para um futuro sustentável. Através da análise do Jardim do Éden e suas implicações para a relação homem-natureza, perceberemos que a conscientização e a ação em prol da preservação ambiental são fundamentais para garantir a sobrevivência e a prosperidade da humanidade e de todas as espécies que compartilham esse lar comum.

Ao reconhecermos nossa responsabilidade como herdeiros dessa história e como agentes de mudança, estaremos prontos para enfrentar os desafios ambientais com determinação e esperança. A reflexão sobre o papel do homem como guardião da criação pode nos capacitar a tomar decisões mais informadas e a trabalhar coletivamente para criar um mundo mais equilibrado e harmonioso, em respeito à diversidade da vida e à preservação do planeta.

A jornada iniciada neste capítulo nos convida a revisitar as antigas histórias da Bíblia e a encontrar nelas inspiração e orientação para os dilemas ambientais contemporâneos. Ao abraçarmos a responsabilidade humana pós-queda do Jardim do Éden, estaremos fortalecendo nosso compromisso em cuidar da Terra como uma expressão de nossa conexão com o divino e com todas as formas de vida. Somente assim poderemos construir um futuro em que a beleza e a riqueza da natureza sejam preservadas para as gerações presentes e futuras, cumprindo o chamado ancestral de cuidar e proteger a criação divina que nos foi confiada.

# Capítulo 2: O Conceito De Aquecimento Global

Definição do aquecimento global

Principais fatores que contribuem para o aumento das temperaturas globais

A relevância do aquecimento global nos tempos modernos

## 2.1 Definição do aquecimento global

O segundo capítulo deste livro tem como objetivo explorar detalhadamente o conceito de aquecimento global. Nesta seção, começaremos fornecendo uma definição clara e abrangente do fenômeno. O aquecimento global refere-se ao aumento gradual e contínuo das temperaturas médias na superfície da Terra ao longo do tempo. Esse fenômeno está intimamente ligado ao aumento das concentrações de gases de efeito estufa na atmosfera, que atuam como um cobertor térmico, retendo o calor do Sol na Terra.

Ao longo do capítulo, explicaremos como esse mecanismo funciona, detalhando como os gases de efeito estufa, como o dióxido de carbono ($CO_2$), o metano ($CH_4$) e o óxido nitroso ($N_2O$), são liberados na atmosfera por atividades humanas e naturais. Descreveremos como esses gases têm o efeito de aumentar a temperatura global, levando a consequências significativas para o clima e os ecossistemas do planeta.

## 2.2 Principais fatores que contribuem para o aumento das temperaturas globais

Os principais fatores que contribuem para o aquecimento global. Exploraremos em detalhes as atividades humanas, como a queima de combustíveis fósseis (carvão, petróleo e gás natural)

para a produção de energia e transporte, o desmatamento e o uso intensivo da terra para a agricultura. Essas ações liberam quantidades significativas de gases de efeito estufa na atmosfera, agravando o efeito estufa e contribuindo para o aumento das temperaturas.

Além disso, também destacaremos as contribuições naturais para o aquecimento global, como as erupções vulcânicas e as variações cíclicas na atividade solar. É fundamental entender a complexidade dos fatores que afetam o clima global para uma apreciação completa do problema e das ações necessárias para mitigar seus efeitos.

**Introdução ao Aquecimento Global e suas Causas Humanas**

O aquecimento global é um dos maiores desafios ambientais enfrentados pela humanidade nos tempos modernos. Esse fenômeno, caracterizado pelo aumento contínuo das temperaturas médias da Terra, tem implicações significativas para o clima, os ecossistemas e a vida humana no planeta. Embora as variações climáticas sejam parte natural da história da Terra, a velocidade e a intensidade do aquecimento global observadas atualmente têm sido amplamente atribuídas às atividades humanas.

Nesta análise, iremos explorar em detalhes os principais fatores que contribuem para o aquecimento global, com ênfase nas ações humanas. Abordaremos a queima de combustíveis fósseis (carvão, petróleo e gás natural) para a produção de energia e transporte, o desmatamento e o uso intensivo da terra para a agricultura. Essas atividades liberam quantidades significativas de gases de efeito estufa na atmosfera, intensificando o efeito estufa e levando ao aumento das temperaturas globais.

## Queima de Combustíveis Fósseis e as Emissões de Gases de Efeito Estufa

A queima de combustíveis fósseis, como carvão, petróleo e gás natural, é uma das principais fontes de emissões de gases de efeito estufa no mundo. Esses combustíveis são amplamente utilizados na produção de energia elétrica, nos transportes e nas atividades industriais, sendo cruciais para o funcionamento da sociedade moderna.

A queima desses combustíveis libera dióxido de carbono ($CO_2$), o principal gás de efeito estufa, na atmosfera. O $CO_2$ é altamente eficiente em reter o calor do Sol na Terra, criando um efeito estufa artificial que resulta no aquecimento global. Estimativas indicam que aproximadamente 65% das emissões globais de $CO_2$ são provenientes da queima de combustíveis fósseis.

Esse aumento nas concentrações de $CO_2$ na atmosfera é um dos principais fatores que contribuem para o aquecimento global observado nas últimas décadas. À medida que mais $CO_2$ é liberado na atmosfera, mais calor é retido, levando ao aumento das temperaturas médias globais e a uma série de mudanças climáticas significativas.

## Desmatamento e o Ciclo do Carbono

O desmatamento é outro fator crucial que contribui para o aquecimento global. As florestas desempenham um papel vital na regulação do clima, agindo como sumidouros de carbono. As árvores absorvem $CO_2$ da atmosfera através do processo de fotossíntese, armazenando-o em sua biomassa e no solo. Quando as florestas são destruídas, seja para a expansão da agricultura, urbanização ou exploração madeireira, o carbono armazenado é liberado novamente na atmosfera na forma de CO2.

O desmatamento também reduz a capacidade da Terra de absorver CO2, diminuindo o número de árvores que atuam como sumidouros de carbono. Essa perda resulta em um acúmulo adicional de CO2 na atmosfera, intensificando o efeito estufa e contribuindo para o aquecimento global.

Além disso, a destruição de ecossistemas florestais também compromete a capacidade da natureza de regular o clima e proteger contra eventos climáticos extremos, como tempestades e inundações.

### Agricultura e suas Contribuições para o Aquecimento Global

Outro fator significativo que contribui para o aquecimento global é o uso intensivo da terra para a agricultura. A produção agrícola em grande escala, especialmente a pecuária, está associada a importantes emissões de gases de efeito estufa.

### Emissões de Metano da Pecuária

A pecuária, incluindo a criação de gado bovino, ovinos e caprinos, é uma fonte significativa de emissões de metano (CH4). O metano é um gás de efeito estufa muito mais potente do que o CO2 em termos de retenção de calor. As atividades do gado, como a digestão entérica, resultam na produção de metano, que é liberado principalmente por eructação (liberação de gases pelo arroto) e flatulência.

Estima-se que a pecuária seja responsável por cerca de 14,5% das emissões globais de gases de efeito estufa, com o metano representando uma parcela significativa dessas emissões. O crescimento do setor pecuário para atender à demanda crescente por carne tem levado a um aumento nas emissões de metano, contribuindo para o aquecimento global.

## Uso de Fertilizantes e Emissões de Óxido Nitroso

O uso extensivo de fertilizantes na agricultura também contribui para o aquecimento global. Os fertilizantes liberam óxido nitroso ($N_2O$), outro gás de efeito estufa potente, na atmosfera. O $N_2O$ é liberado durante processos de nitrificação e desnitrificação no solo, que ocorrem em resposta ao uso de fertilizantes nitrogenados.

As emissões de $N_2O$ provenientes da agricultura são responsáveis por aproximadamente 8% das emissões globais de gases de efeito estufa. Além de seu potencial de aquecimento, o óxido nitroso também contribui para a depleção da camada de ozônio na estratosfera.

## Consequências e Considerações Finais

As atividades humanas, como a queima de combustíveis fósseis, o desmatamento e o uso intensivo da terra para a agricultura, são os principais impulsionadores do aquecimento global observado nos tempos modernos. Essas ações liberam grandes quantidades de gases de efeito estufa na atmosfera, intensificando o efeito estufa e contribuindo para o aumento das temperaturas globais.

As consequências do aquecimento global são amplas e variadas, afetando desde os padrões climáticos até a biodiversidade, a agricultura, os recursos hídricos e a saúde humana. Aumento do nível do mar, derretimento das calotas polares, eventos climáticos extremos mais frequentes e alterações nos ecossistemas são algumas das consequências já observadas.

Para enfrentar esse desafio, é fundamental adotar medidas de mitigação que visem a redução das emissões de gases de efeito estufa, a transição para fontes de energia renovável, o combate ao desmatamento e a promoção de práticas agrícolas sustentáveis. Além disso, é necessário implementar políticas e ações coletivas para incentivar a economia de baixo carbono e garantir a sustentabilidade do nosso planeta para as gerações futuras.

A conscientização sobre os principais fatores que contribuem para o aquecimento global é um primeiro passo crucial para enfrentarmos esse desafio global de forma eficaz. Somente através de uma ação coordenada, baseada em dados científicos sólidos e no comprometimento de governos, empresas e indivíduos, poderemos trabalhar em direção a um futuro mais sustentável e resiliente para a Terra e todas as formas de vida que nela habitam.

## 2.3 A relevância do aquecimento global nos tempos modernos

Enfocaremos a relevância do aquecimento global nos tempos modernos. Exploraremos como as mudanças climáticas decorrentes desse fenômeno têm impactado diretamente as pessoas e os ecossistemas ao redor do mundo.

Abordaremos as evidências científicas do aquecimento global, como o derretimento das calotas polares, o aumento do nível do mar, o aumento da frequência e intensidade de eventos climáticos extremos, como tempestades, secas e ondas de calor. Também discutiremos o impacto no padrão de vida de comunidades vulneráveis e como a perda de biodiversidade afeta a saúde dos ecossistemas terrestres e marinhos.

Ao explorar a relevância do aquecimento global nos tempos modernos, destacaremos a urgência de ações coletivas e responsáveis para enfrentar esse desafio. Discutiremos as iniciativas globais, as políticas governamentais e as ações individuais necessárias para limitar o aquecimento global e suas consequências, garantindo a sustentabilidade do nosso planeta para as futuras gerações.

Ao final deste capítulo, os leitores estarão bem informados sobre o conceito de aquecimento global, os fatores que o impulsionam e a importância crítica desse fenômeno nos tempos modernos. A compreensão das causas e consequências do aquecimento global é fundamental para nos capacitarmos a tomar decisões informadas e adotar medidas eficazes para proteger o nosso ambiente e construir um futuro mais resiliente e sustentável.

## Á Relevância do Aquecimento Global nos Tempos Modernos

A relevância do aquecimento global nos tempos modernos é um tema crucial para a compreensão dos desafios ambientais enfrentados pela humanidade. O aquecimento global, resultante das atividades humanas e do acúmulo de gases de efeito estufa na atmosfera, tem desencadeado mudanças climáticas significativas em todo o planeta. Nesta análise, exploraremos como essas mudanças climáticas têm impactado diretamente as pessoas e os ecossistemas em escala global.

## Evidências Científicas do Aquecimento Global

Para compreender a relevância do aquecimento global, é fundamental analisar as evidências científicas que comprovam o aumento das temperaturas médias globais ao longo do tempo. Diversos estudos e relatórios de organizações climáticas internacionais apontam para um consenso científico claro de que a Terra está aquecendo de maneira alarmante.

O derretimento das calotas polares é uma das evidências mais visíveis e impactantes do aquecimento global. As regiões polares têm registrado um rápido degelo, levando ao aumento do nível do mar e ameaçando comunidades costeiras em todo o mundo. O aumento do nível do mar também resulta da expansão térmica da água oceânica, que se aquece devido ao acúmulo de calor na atmosfera.

## Aumento da Frequência e Intensidade de Eventos Climáticos Extremos

Outra consequência direta do aquecimento global é o aumento da frequência e intensidade de eventos climáticos extremos, como tempestades, secas e ondas de calor. As mudanças climáticas têm sido associadas a padrões climáticos mais voláteis e imprevisíveis, levando a eventos climáticos cada vez mais intensos e destrutivos.

Tempestades tropicais e furacões, por exemplo, têm apresentado maior potência e frequência, resultando em inundações e destruição de infraestruturas costeiras. Secas prolongadas também têm se intensificado em diversas regiões, afetando a disponibilidade de água e a produção agrícola.

## Impacto no Padrão de Vida de Comunidades Vulneráveis

A relevância do aquecimento global é particularmente evidente ao examinarmos seus impactos sobre comunidades vulneráveis ao redor do mundo. Populações em áreas costeiras, ilhas e regiões de baixa altitude são particularmente afetadas pelo aumento do nível do mar e eventos climáticos extremos. Essas comunidades enfrentam o risco de perda de casas, terras agrícolas e fontes de subsistência devido à erosão costeira e inundações.

Além disso, a degradação dos recursos naturais e as mudanças climáticas têm impactado negativamente a segurança alimentar e a saúde das populações mais pobres. A alteração nos padrões de chuva e o aumento das temperaturas podem levar à diminuição da produção agrícola e à escassez de água, ameaçando a subsistência de milhões de pessoas.

## Perda de Biodiversidade e Saúde dos Ecossistemas

Outro aspecto crucial da relevância do aquecimento global é sua relação com a perda de biodiversidade e o desequilíbrio dos ecossistemas terrestres e marinhos. As mudanças climáticas têm influenciado os padrões de migração e reprodução de várias espécies, levando a desequilíbrios nas cadeias alimentares e ameaçando a sobrevivência de muitos animais e plantas.

Os recifes de coral, por exemplo, são ecossistemas altamente sensíveis às mudanças climáticas. O aumento da temperatura do oceano resulta no fenômeno do branqueamento dos corais, causando sua morte e a perda de um ambiente essencial para uma grande diversidade de espécies marinhas.

## Desafios e Necessidade de Ação Coletiva

A relevância do aquecimento global nos tempos modernos é um chamado urgente para ação coletiva em nível global. As consequências das mudanças climáticas já são evidentes e afetam diretamente as vidas de milhões de pessoas e a saúde dos ecossistemas do planeta.

A mitigação do aquecimento global requer a redução significativa das emissões de gases de efeito estufa, a transição para fontes de energia limpa e sustentável, o incentivo à conservação e restauração de ecossistemas e a adaptação a um clima em mudança.

A comunidade internacional, governos, empresas e indivíduos têm o dever de unir esforços para enfrentar esse desafio global. Políticas climáticas ambiciosas, investimentos em tecnologias limpas e uma mudança de comportamento em prol da sustentabilidade são essenciais para garantir um futuro mais resiliente para a Terra e suas diversas formas de vida.

Em conclusão, a relevância do aquecimento global nos tempos modernos é inegável. As mudanças climáticas decorrentes desse fenômeno têm impactado diretamente a vida das pessoas e os ecossistemas do planeta. As evidências científicas do aquecimento global são claras, e a urgência para ação coletiva é mais presente do que nunca.

A conscientização sobre os impactos do aquecimento global é crucial para que a humanidade adote medidas efetivas de mitigação e adaptação. A busca por soluções sustentáveis e ações responsáveis são fundamentais para garantir a sustentabilidade do nosso planeta e assegurar um futuro mais seguro e saudável para as gerações presentes e futuras. Somente com a cooperação global e o compromisso com um futuro sustentável poderemos enfrentar esse desafio e construir um mundo mais resiliente e harmonioso para todos.

# Capítulo 3: O Impacto Do Homem No Meio Ambiente

A exploração desenfreada dos recursos naturais

Emissões de gases de efeito estufa e suas consequências

Desmatamento e degradação ambiental

O capítulo 3 deste livro aborda uma questão premente e crucial para a humanidade: o impacto do homem no meio ambiente. Ao longo dos últimos séculos, a atividade humana tem tido um efeito significativo e muitas vezes negativo sobre os ecossistemas do nosso planeta. Nesta análise, exploraremos em detalhes três aspectos-chave do impacto do homem no meio ambiente: a exploração desenfreada dos recursos naturais, as emissões de gases de efeito estufa e suas consequências, e o desmatamento e degradação ambiental.

## Seção 1: A Exploração Desenfreada dos Recursos Naturais

A exploração desenfreada dos recursos naturais é uma característica marcante do desenvolvimento humano nos últimos séculos. Desde a Revolução Industrial, a crescente demanda por energia, matéria-prima e alimentos tem impulsionado a extração e o consumo excessivo dos recursos naturais disponíveis na Terra.

1.1 Extração de Combustíveis Fósseis: A busca por combustíveis fósseis, como carvão, petróleo e gás natural, tem sido a principal fonte de energia para o desenvolvimento industrial e tecnológico. No entanto, a queima desses combustíveis libera enormes quantidades de gases de efeito estufa na atmosfera, contribuindo para o aquecimento global e as mudanças climáticas.

1.2 Mineração e Exploração Mineral: A mineração de minerais, metais e outros recursos valiosos tem levado à degradação do solo, à poluição dos rios e à destruição de habitats naturais. A extração de recursos minerais muitas vezes ocorre sem o devido controle e regulamentação, resultando em danos significativos ao meio ambiente.

1.3 Exploração de Recursos Hídricos: A crescente demanda por água para abastecimento humano, agricultura e indústria tem levado à exploração intensiva de recursos hídricos. O esgotamento de aquíferos, a poluição das águas superficiais e a destruição de ecossistemas aquáticos são algumas das consequências desse processo.

## Seção 2: Emissões de Gases de Efeito Estufa e Suas Consequências

As emissões de gases de efeito estufa (GEE) são um dos principais impulsionadores das mudanças climáticas e têm origem principalmente nas atividades humanas. Esses gases, como o dióxido de carbono ($CO_2$), o metano ($CH_4$) e o óxido nitroso ($N_2O$), têm o efeito de reter o calor do Sol na atmosfera, levando ao aquecimento global e suas consequências.

2.1 Queima de Combustíveis Fósseis: A queima de combustíveis fósseis para a produção de energia e transporte é a maior fonte de emissões de $CO_2$. O aumento das concentrações de $CO_2$ na atmosfera é responsável pelo aquecimento global e pelo aumento do nível do mar, ameaçando comunidades costeiras e ecossistemas marinhos.

2.2 Emissões de Metano: A pecuária, os vazamentos de gás natural e o manejo inadequado de resíduos orgânicos são fontes significativas de emissões de metano. O metano é um gás de efeito estufa extremamente potente, com um potencial de aquecimento 25 vezes maior que o CO2 em um período de 100 anos.

2.3 Emissões de Óxido Nitroso: A agricultura, especialmente o uso de fertilizantes nitrogenados, é uma das principais fontes de emissões de óxido nitroso. Esse gás de efeito estufa também está associado à destruição da camada de ozônio na estratosfera.

## Seção 3: Desmatamento e Degradação Ambiental

O desmatamento e a degradação ambiental têm sido impulsionados principalmente pela expansão agrícola, exploração madeireira e urbanização. Essas atividades têm graves consequências para os ecossistemas e a biodiversidade do planeta.

3.1 Desmatamento para Agricultura e Pecuária: O desmatamento para a expansão de áreas agrícolas e pastagens tem levado à perda de habitats naturais e à diminuição da biodiversidade. A conversão de florestas em áreas agrícolas também libera grandes quantidades de carbono armazenado nas árvores, contribuindo para o aumento das concentrações de CO2 na atmosfera.

3.2 Exploração Madeireira e Indústria Florestal: A exploração madeireira sem manejo sustentável tem levado à degradação de florestas e à perda de biodiversidade. A indústria florestal, quando não realizada de forma responsável, pode levar à destruição de ecossistemas inteiros e ameaçar a sobrevivência de espécies animais e vegetais.

3.3 Urbanização e Perda de Habitats Naturais: O crescimento urbano descontrolado tem levado à perda de habitats naturais e à fragmentação de ecossistemas. A urbanização também contribui para a impermeabilização do solo, a poluição do ar e da água e a formação de ilhas de calor nas cidades.

O capítulo 3 aborda o impacto do homem no meio ambiente, evidenciando como a exploração desenfreada dos recursos naturais, as emissões de gases de efeito estufa e o desmatamento têm consequências significativas para os ecossistemas do nosso planeta. A degradação ambiental é um desafio global que exige ação coletiva e responsabilidade individual.

A compreensão do impacto humano no meio ambiente é essencial para a busca de soluções sustentáveis e a preservação da biodiversidade e dos recursos naturais para as gerações futuras. A necessidade de políticas ambientais mais rigorosas, a promoção de práticas sustentáveis e a conscientização pública são cruciais para garantir um futuro mais equilibrado e saudável para a Terra e todas as formas de vida que nela habitam.

## Seção 4: Consequências Sociais e Econômicas do Impacto no Meio Ambiente

Além das consequências ambientais, o impacto do homem no meio ambiente também tem implicações significativas para as sociedades humanas e a economia global. O desequilíbrio ecológico causado pelas atividades humanas afetam diretamente a qualidade de vida das pessoas e a sustentabilidade das comunidades ao redor do mundo.

4.1 Segurança Alimentar e Escassez de Recursos Naturais: A degradação ambiental, como o desmatamento e a depleção de recursos hídricos, pode prejudicar a produção agrícola e o abastecimento de alimentos. A escassez de recursos naturais, como água potável e solos férteis, ameaça a segurança alimentar de milhões de pessoas e agrava a pobreza e a desigualdade.

4.2 Migração e Deslocamento de Populações: Mudanças climáticas, desastres naturais e a degradação ambiental têm levado ao aumento da migração e deslocamento de populações vulneráveis. Comunidades costeiras afetadas pelo aumento do nível do mar e regiões afetadas por secas e inundações enfrentam a necessidade de abandonar suas terras e buscar abrigo em outras regiões.

4.3 Impactos na Economia: O impacto no meio ambiente também tem implicações econômicas significativas. Desastres naturais, como furacões e inundações, podem causar danos econômicos catastróficos, afetando a infraestrutura, a agricultura e a indústria. Além disso, a perda de biodiversidade pode reduzir o potencial de novos produtos e tecnologias derivados da natureza, prejudicando a inovação e o desenvolvimento econômico.

**Seção 5: O Caminho para a Sustentabilidade Ambiental**

Diante do impacto devastador do homem no meio ambiente, é urgente adotar um caminho para a sustentabilidade ambiental. As soluções para enfrentar esses desafios globais requerem um esforço conjunto de governos, empresas, organizações da sociedade civil e indivíduos.

5.1 Transição para Fontes de Energia Limpa e Renovável: A redução das emissões de gases de efeito estufa requer a transição gradual de fontes de energia baseadas em combustíveis fósseis para fontes limpas e renováveis, como a energia solar, eólica, hidrelétrica e geotérmica. Investimentos em tecnologias de energia sustentável e a implementação de políticas de incentivo são fundamentais para essa transição.

5.2 Conservação e Restauração de Ecossistemas: A proteção e conservação de ecossistemas naturais são essenciais para preservar a biodiversidade e os serviços ecossistêmicos. A restauração de áreas degradadas e a implementação de práticas de manejo sustentável em setores como agricultura e pesca são medidas importantes para reverter o impacto humano no meio ambiente.

5.3 Consumo Sustentável e Responsável: Os padrões de consumo da sociedade também desempenham um papel fundamental na preservação do meio ambiente. O estímulo ao consumo consciente, a redução do desperdício e a preferência por produtos e serviços sustentáveis podem contribuir significativamente para a redução da pegada ecológica do ser humano.

5.4 Políticas Ambientais Fortes e Cooperação Internacional: A adoção de políticas ambientais robustas e o fortalecimento da cooperação internacional são essenciais para enfrentar desafios ambientais em escala global. Acordos internacionais, como o Acordo de Paris sobre mudanças climáticas, são importantes instrumentos para promover ações conjuntas e responsáveis dos países em relação ao meio ambiente.

O capítulo 3 apresenta uma análise detalhada do impacto do homem no meio ambiente, destacando a exploração desenfreada dos recursos naturais, as emissões de gases de efeito estufa e o desmatamento e degradação ambiental como os principais impulsionadores desse cenário preocupante.

A compreensão dos efeitos negativos causados pela atividade humana é essencial para impulsionar ações concretas em direção à sustentabilidade ambiental. A busca por soluções responsáveis e sustentáveis, o investimento em tecnologias limpas e a implementação de políticas ambientais assertivas são fundamentais para garantir um futuro mais equilibrado e saudável para a Terra e para todas as formas de vida que nela habitam. A cooperação global e o comprometimento de todos os setores da sociedade são cruciais para enfrentar esse desafio coletivo e preservar nosso planeta para as gerações futuras.

## Seção 6: Educação e Conscientização Ambiental

Uma das ferramentas mais poderosas para impulsionar a mudança em prol da sustentabilidade ambiental é a educação e conscientização da população. A disseminação de informações sobre o impacto do homem no meio ambiente, as consequências das mudanças climáticas e as práticas sustentáveis é fundamental para engajar as pessoas em ações responsáveis.

6.1 Educação Ambiental nas Escolas: A inclusão de conteúdos sobre meio ambiente e sustentabilidade nos currículos escolares é essencial para cultivar uma consciência ambiental desde cedo. Ao ensinar sobre os ecossistemas, a biodiversidade, a importância da conservação e os desafios enfrentados pelo planeta, as escolas podem criar uma nova geração de cidadãos conscientes e engajados.

6.2 Conscientização da Sociedade: Além da educação formal, campanhas de conscientização e informação pública são importantes para alcançar toda a sociedade. Através de campanhas de mídia, eventos educativos e programas comunitários, é possível despertar a consciência ambiental e incentivar a adoção de práticas mais sustentáveis no dia a dia das pessoas.

6.3 Participação Cidadã e Engajamento: O envolvimento ativo da sociedade na tomada de decisões ambientais é fundamental para garantir que políticas e medidas adotadas reflitam as necessidades e anseios da população. A participação cidadã em processos de consulta pública, audiências e debates é essencial para a construção de uma agenda ambiental mais representativa e efetiva.

## Seção 7: Responsabilidade Empresarial e Inovação Sustentável

As empresas também desempenham um papel importante na busca pela sustentabilidade ambiental. A adoção de práticas empresariais responsáveis e a inovação em direção a um modelo econômico mais sustentável são cruciais para reduzir o impacto do homem no meio ambiente.

7.1 Práticas de Sustentabilidade nas Empresas: As empresas têm a responsabilidade de adotar práticas de sustentabilidade em suas operações. Isso inclui a redução das emissões de gases de efeito estufa, a eficiência energética, o uso responsável dos recursos naturais e a gestão adequada de resíduos e poluição.

7.2 Investimento em Tecnologias Limpas: A inovação tecnológica é uma aliada importante na transição para uma economia mais sustentável. O investimento em tecnologias limpas e renováveis, como energia solar, baterias de armazenamento de energia e transporte elétrico, é fundamental para reduzir a dependência de combustíveis fósseis e mitigar as mudanças climáticas.

7.3 Responsabilidade na Cadeia de Suprimentos: As empresas também têm a responsabilidade de garantir que sua cadeia de suprimentos seja sustentável. Isso inclui a verificação do uso responsável de recursos naturais, a promoção de práticas trabalhistas justas e a redução do impacto ambiental em todas as etapas da produção e distribuição de produtos.

## Seção 8: Desafios e Oportunidades

O enfrentamento do impacto do homem no meio ambiente não é uma tarefa fácil, e há muitos desafios a serem superados. No entanto, também há oportunidades para a mudança e para a construção de um futuro mais sustentável.

8.1 Desafios Políticos e Econômicos: A adoção de políticas ambientais e a transição para uma economia mais sustentável podem enfrentar resistência de setores que ainda dependem de recursos não renováveis. Os desafios políticos e econômicos exigem liderança, comprometimento e diálogo entre governos, setor privado e sociedade civil.

8.2 Cooperação Internacional: O impacto do homem no meio ambiente é um desafio global que requer cooperação internacional. A colaboração entre países é essencial para enfrentar problemas transfronteiriços, como a mudança climática, a proteção dos oceanos e a conservação de áreas naturais.

8.3 Oportunidades de Inovação: A busca por soluções sustentáveis também representa uma oportunidade para a inovação tecnológica e social. Novas tecnologias e práticas podem abrir caminho para um modelo de desenvolvimento mais equitativo e em harmonia com a natureza.

O capítulo 3 explora também o impacto do homem no meio ambiente, abordando a exploração desenfreada dos recursos naturais, as emissões de gases de efeito estufa e o desmatamento e degradação ambiental como as principais fontes desse impacto. A compreensão desses problemas é o primeiro passo para a busca de soluções sustentáveis e para a construção de um futuro mais equilibrado e saudável para o nosso planeta.

A mudança em direção à sustentabilidade ambiental requer esforços coletivos, envolvendo governos, empresas, organizações da sociedade civil e cada indivíduo. Através da educação, conscientização, responsabilidade empresarial e inovação, é possível enfrentar os desafios ambientais e preservar a beleza e a diversidade da natureza para as gerações futuras. A responsabilidade de proteger o meio ambiente é compartilhada por todos, e somente através de uma ação coletiva podemos garantir um futuro mais resiliente e sustentável para a Terra e para todas as formas de vida que dela dependem.

## Seção 9: Mudança de Mentalidade e Estilo de Vida

Uma das chaves para a construção de um futuro sustentável é a mudança de mentalidade e estilo de vida das pessoas. A sociedade como um todo precisa adotar uma abordagem mais consciente e responsável em relação ao meio ambiente, repensando hábitos e práticas que têm contribuído para o impacto negativo no planeta.

9.1 Consumo Consciente: A adoção de um estilo de consumo mais consciente é fundamental para reduzir a demanda por produtos e serviços que causam danos ao meio ambiente. Optar por produtos locais, orgânicos e de empresas com práticas sustentáveis é uma maneira de apoiar uma economia mais verde e responsável.

9.2 Uso Eficiente de Recursos: O uso eficiente de recursos, como água, energia e materiais, é essencial para reduzir o desperdício e a pegada ecológica individual. Medidas simples, como apagar as luzes ao sair de um cômodo e evitar o desperdício de alimentos, podem fazer uma grande diferença no consumo de recursos naturais.

9.3 Mobilidade Sustentável: A adoção de meios de transporte mais sustentáveis, como bicicletas, transporte público e carros elétricos, pode ajudar a reduzir as emissões de gases de efeito estufa do setor de transporte. Além disso, caminhar e usar bicicletas também são alternativas mais saudáveis e amigáveis ao meio ambiente.

## Seção 10: A Importância da Conservação e Preservação

A conservação e preservação dos ecossistemas naturais são fundamentais para garantir a saúde do meio ambiente e a sobrevivência das espécies que habitam o planeta. A proteção de áreas naturais, a criação de reservas e parques nacionais e a restauração de habitats degradados são algumas das estratégias importantes para conservar a biodiversidade.

10.1 Conservação da Biodiversidade: A biodiversidade é essencial para a estabilidade dos ecossistemas e para a adaptação das espécies às mudanças climáticas. A preservação de habitats naturais e a implementação de medidas de proteção são essenciais para garantir a sobrevivência de animais, plantas e microorganismos.

10.2 Proteção dos Oceanos: Os oceanos desempenham um papel crucial no equilíbrio do clima e abrigam uma diversidade impressionante de vida. A proteção dos oceanos contra a poluição, a pesca predatória e o descarte irresponsável de resíduos é vital para a saúde dos ecossistemas marinhos.

10.3 Restauração de Ecossistemas Degradados: A restauração de áreas degradadas é uma estratégia importante para reverter o impacto humano no meio ambiente. O replantio de árvores, a recuperação de solos contaminados e a reintrodução de espécies ameaçadas são algumas das ações que podem ajudar na recuperação de ecossistemas prejudicados.

## Seção 11: Ação Coletiva para um Futuro Sustentável

A construção de um futuro mais sustentável e resiliente exige ação coletiva em todos os níveis da sociedade. A cooperação entre governos, empresas, organizações da sociedade civil e a participação ativa da população são fundamentais para enfrentar os desafios ambientais.

11.1 Engajamento Político e Participação Cidadã: Os cidadãos têm um papel importante em pressionar por políticas ambientais mais assertivas e na cobrança de ações concretas dos governos e empresas. A participação em manifestações, votações e iniciativas de impacto ambiental pode influenciar decisões políticas e promover mudanças significativas.

11.2 Responsabilidade Empresarial: As empresas têm a responsabilidade de adotar práticas sustentáveis e serem agentes de mudança em direção a uma economia mais verde. A transparência nas práticas empresariais, a adoção de metas de sustentabilidade e a prestação de contas à sociedade são elementos-chave da responsabilidade corporativa.

11.3 Cooperação Global: A questão do meio ambiente é global e transcende fronteiras nacionais. A cooperação internacional é essencial para enfrentar problemas ambientais que afetam todo o planeta, como as mudanças climáticas, a perda de biodiversidade e a poluição transfronteiriça.

O capítulo 3 conclui com a enfatização da necessidade de ação coletiva e mudança de mentalidade para enfrentar o impacto do homem no meio ambiente. A compreensão das causas e consequências do impacto humano no planeta é crucial para a busca de soluções sustentáveis.

A proteção do meio ambiente é um desafio que requer a colaboração de todos. Cada indivíduo, empresa e governo tem um papel importante a desempenhar na construção de um futuro mais sustentável, preservando a beleza e a diversidade da natureza para as gerações futuras. A ação conjunta, a responsabilidade ambiental e a busca por soluções inovadoras são os caminhos para alcançar esse objetivo e garantir a saúde e a prosperidade do nosso

# planeta

# Capítulo 4: O Aquecimento Global E Suas Consequências

Alterações climáticas em escala global

Impactos nos ecossistemas terrestres e aquáticos

O aumento do nível do mar e suas ramificações

O capítulo 4 deste livro trata de uma das questões mais urgentes e prementes que a humanidade enfrenta atualmente: o aquecimento global. As mudanças climáticas decorrentes do aumento das emissões de gases de efeito estufa têm impactos significativos em escala global. Nesta análise detalhada, exploraremos as alterações climáticas em escala global, os impactos nos ecossistemas terrestres e aquáticos, bem como o aumento do nível do mar e suas ramificações para as comunidades costeiras e os ecossistemas marinhos.

### Seção 1: Alterações Climáticas em Escala Global

1.1 Efeito Estufa e Aquecimento Global: O efeito estufa é um fenômeno natural que permite que parte do calor do Sol seja retido na atmosfera da Terra, mantendo as temperaturas adequadas para a vida. No entanto, as atividades humanas têm aumentado significativamente a concentração de gases de efeito estufa na atmosfera, intensificando o efeito estufa e levando ao aquecimento global.

1.2 Mudanças nas Temperaturas Médias: O aquecimento global resulta em aumentos significativos nas temperaturas médias do planeta. O aumento das temperaturas tem sido observado em todos os continentes e em todas as estações do ano, afetando os padrões climáticos e provocando eventos climáticos extremos, como ondas de calor, secas e tempestades intensas.

1.3 Acidificação dos Oceanos: Além de causar mudanças no clima terrestre, o aumento das emissões de CO2 também leva à acidificação dos oceanos. A absorção de CO2 pelos oceanos reduz o pH da água, tornando-a mais ácida, o que tem consequências negativas para os ecossistemas marinhos e a vida marinha.

## Seção 2: Impactos nos Ecossistemas Terrestres e Aquáticos

2.1 Perda de Biodiversidade: As alterações climáticas têm um impacto significativo na biodiversidade, levando à perda de habitats naturais e à extinção de espécies. Muitas espécies não conseguem se adaptar rapidamente o suficiente às mudanças nas condições climáticas, resultando em desequilíbrios nos ecossistemas.

2.2 Mudanças nos Ciclos Naturais: O aquecimento global afeta os ciclos naturais do planeta, como o ciclo da água, o ciclo do carbono e o ciclo de nutrientes. Essas mudanças podem afetar a disponibilidade de recursos essenciais para a vida, como a água potável e nutrientes para a agricultura.

2.3 Impacto na Agricultura e Segurança Alimentar: As alterações climáticas têm implicações significativas para a agricultura e a segurança alimentar. O aumento das temperaturas, mudanças nos padrões de chuva e o aumento da frequência de eventos climáticos extremos podem reduzir a produtividade agrícola e afetar a disponibilidade de alimentos para a população mundial.

## Seção 3: O Aumento do Nível do Mar e suas Ramificações

3.1 Causas do Aumento do Nível do Mar: O aumento do

nível do mar é uma consequência direta do aquecimento global. O derretimento das calotas polares e das geleiras, bem como a expansão térmica dos oceanos devido ao aquecimento, contribuem para o aumento do nível do mar em todo o mundo

3.2 Impactos nas Comunidades Costeiras: O aumento do nível do mar representa uma ameaça significativa para as comunidades costeiras em todo o mundo. Milhões de pessoas vivem em áreas costeiras e são vulneráveis a inundações, tempestades intensas e erosão costeira, que são agravadas pelo aumento do nível do mar.

3.3 Consequências para os Ecossistemas Marinhos: O aumento do nível do mar também tem impactos nos ecossistemas marinhos. A intrusão de água salgada em áreas de estuários e zonas úmidas pode afetar a biodiversidade e a produtividade desses ecossistemas. Além disso, muitas espécies marinhas e habitats correm o risco de desaparecer com o aumento do nível do mar.

**Seção 4: Adaptação e Mitigação**

Diante dos desafios impostos pelo aquecimento global e suas consequências, é crucial implementar medidas de adaptação e mitigação para reduzir os impactos e proteger a saúde do planeta e de suas comunidades.

4.1 Adaptação: A adaptação envolve a implementação de medidas para reduzir a vulnerabilidade das comunidades e ecossistemas às mudanças climáticas. Isso pode incluir a construção de infraestruturas resistentes a inundações e tempestades, o desenvolvimento de práticas agrícolas mais resilientes, a proteção e restauração de ecossistemas naturais e a promoção de políticas de manejo sustentável dos recursos naturais.

4.2 Mitigação: A mitigação envolve a redução das emissões de gases de efeito estufa e ações para evitar o agravamento das mudanças climáticas. Isso pode ser alcançado através da transição para fontes de energia limpa e renovável, da promoção de práticas agrícolas sustentáveis, da conservação e restauração de florestas e da implementação de políticas que incentivem a redução das emissões em todos os setores da sociedade

O capítulo 4 aborda o aquecimento global e suas consequências, destacando as alterações climáticas em escala global, os impactos nos ecossistemas terrestres e aquáticos, bem como o aumento do nível do mar e suas ramificações. A compreensão desses desafios é crucial para a busca de soluções sustentáveis e ações coletivas que protejam o meio ambiente e garantam um futuro mais seguro e saudável para a Terra e para todas as formas de vida que dela dependem. A cooperação global e o comprometimento de governos, empresas e indivíduos são essenciais para enfrentar essa crise ambiental e construir um mundo mais resiliente e em harmonia com a natureza.

## Seção 5: Ação Global e Acordos Internacionais

A resposta efetiva ao aquecimento global requer uma ação global coordenada. Nesta seção, exploraremos os acordos internacionais que visam combater as mudanças climáticas e a importância da cooperação entre os países para enfrentar esse desafio.

5.1 Acordo de Paris: O Acordo de Paris, adotado em 2015 durante a Conferência das Nações Unidas sobre Mudança do Clima (COP 21), é um dos marcos mais significativos no combate ao aquecimento global. O acordo estabelece metas para limitar o aumento da temperatura global a menos de 2 graus Celsius acima dos níveis pré-industriais, com esforços para limitar o aumento a 1,5 graus Celsius. Além disso, os países se comprometem a apresentar ações nacionais de redução de emissões (Contribuições Nacionalmente Determinadas - NDCs) para alcançar essas metas.

5.2 Cooperação Internacional: A cooperação entre os países é fundamental para alcançar os objetivos do Acordo de Paris e enfrentar o aquecimento global de forma efetiva. A troca de conhecimentos, tecnologias e recursos entre nações pode acelerar a transição para uma economia de baixo carbono e fortalecer as capacidades de adaptação das nações mais vulneráveis.

5.3 Desafios e Avanços: Embora o Acordo de Paris tenha sido um avanço significativo na luta contra o aquecimento global, também enfrenta desafios, como a falta de ambição de alguns países em suas NDCs e a necessidade de aumentar os esforços para alcançar as metas estabelecidas. A revisão e o aprimoramento constante das contribuições nacionais são fundamentais para impulsionar a ação global.

**Seção 6: Responsabilidade Individual e Mudança de Comportamento**

A ação individual também desempenha um papel crucial na luta contra o aquecimento global. Nesta seção, discutiremos a importância da responsabilidade individual e as mudanças de comportamento necessárias para reduzir nossa pegada de carbono.

6.1 Redução das Emissões Individuais: Cada pessoa pode contribuir para a redução das emissões de gases de efeito estufa em seu dia a dia. Escolhas como utilizar meios de transporte mais sustentáveis, reduzir o consumo de energia, praticar a reciclagem e adotar uma dieta mais baseada em plantas são ações simples, mas significativas.

6.2 Consumo Consciente: O consumo consciente implica em adquirir produtos e serviços de forma responsável, levando em consideração o impacto ambiental de suas escolhas. Optar por produtos sustentáveis, de empresas comprometidas com a responsabilidade ambiental, pode contribuir para a demanda por práticas mais sustentáveis na indústria.

6.3 Educação e Engajamento: A educação e o engajamento da população são essenciais para promover mudanças de comportamento e uma maior conscientização sobre o aquecimento global. Campanhas de conscientização, educação ambiental nas escolas e a divulgação de informações precisas são ferramentas poderosas para mobilizar a sociedade.

## Seção 7: Inovação e Tecnologia para o Futuro Sustentável

A inovação tecnológica também pode desempenhar um papel fundamental no combate ao aquecimento global e na transição para uma economia mais sustentável.

7.1 Energias Renováveis: A expansão das energias renováveis, como a solar, eólica, hidrelétrica e geotérmica, pode reduzir significativamente a dependência de combustíveis fósseis e diminuir as emissões de gases de efeito estufa. Investimentos em pesquisa e desenvolvimento de tecnologias mais eficientes são essenciais para acelerar essa transição.

7.2 Tecnologias de Captura e Armazenamento de Carbono: A tecnologia de captura e armazenamento de carbono (CAC) é uma solução em desenvolvimento que pode ajudar a reduzir as emissões de $CO_2$ de fontes industriais e de usinas de energia a carvão. Essa tecnologia captura o $CO_2$ antes que ele seja liberado na atmosfera e o armazena em locais geológicos adequados.

7.3 Agricultura Sustentável: A inovação também é crucial na agricultura para promover práticas mais sustentáveis e reduzir o impacto ambiental. A agricultura de conservação, o uso de fertilizantes naturais e a agroecologia são algumas das abordagens que podem contribuir para a agricultura sustentável.

O capítulo 4 explora o aquecimento global e suas consequências, destacando a urgência de ações globais e individuais para enfrentar esse desafio. A cooperação internacional, a responsabilidade individual e a inovação tecnológica são elementos fundamentais para combater o aquecimento global e proteger o meio ambiente para as gerações futuras.

A luta contra o aquecimento global exige um esforço conjunto de todos os setores da sociedade, governos, empresas e indivíduos. Somente através de uma ação coordenada e comprometida podemos garantir um futuro sustentável e resiliente para o nosso planeta. É responsabilidade de cada um contribuir para essa causa e garantir que as gerações futuras possam desfrutar de um ambiente saudável e equilibrado.

**Seção 8: Resiliência e Preparação para as Mudanças Climáticas**

Além de combater as causas do aquecimento global, é fundamental que as sociedades se preparem para as mudanças climáticas já em curso e para os impactos futuros. Nesta seção, abordaremos a importância da resiliência e preparação para enfrentar os desafios impostos pelas alterações climáticas.

8.1 Adaptação e Resiliência: A adaptação às mudanças climáticas é essencial para enfrentar os impactos inevitáveis que o aquecimento global já está trazendo. Isso inclui investir em infraestruturas mais resistentes a eventos climáticos extremos, como inundações e tempestades, desenvolver planos de gestão de recursos hídricos e implementar estratégias para proteger a biodiversidade e ecossistemas vulneráveis.

8.2 Comunidades Vulneráveis: As comunidades mais vulneráveis, como populações de baixa renda, grupos indígenas e comunidades costeiras, são as mais afetadas pelas mudanças climáticas. É crucial garantir que essas comunidades tenham acesso a recursos e apoio para se adaptarem às mudanças climáticas e enfrentar os desafios impostos pelas alterações ambientais.

8.3 Investimento em Pesquisa e Monitoramento: O investimento em pesquisa climática e monitoramento contínuo é fundamental para entender melhor os padrões das mudanças climáticas e seus impactos específicos em diferentes regiões. Com base nesse conhecimento, as políticas e medidas de adaptação podem ser melhor informadas e mais eficazes.

## Seção 9: Responsabilidade Intergeracional e Ética Ambiental

O aquecimento global é uma questão que transcende gerações, e a responsabilidade de proteger o meio ambiente é intergeracional. Nesta seção, discutiremos a importância da ética ambiental e da responsabilidade de garantir um planeta saudável para as futuras gerações.

9.1 Ética da Sustentabilidade: A ética da sustentabilidade coloca o bem-estar das gerações futuras no centro das decisões atuais. Isso implica em agir de forma a garantir a sobrevivência e prosperidade das futuras gerações, tomando decisões responsáveis que não comprometam a capacidade do planeta de sustentar a vida no longo prazo.

9.2 Precaução e Prevenção: A abordagem da precaução é

essencial quando se trata das mudanças climáticas. Mesmo que algumas incertezas científicas persistam, é prudente tomar ações preventivas para evitar danos irreversíveis ao meio ambiente e às futuras gerações.

9.3 Ação Imediata: A urgência da crise climática exige ação imediata. O adiamento de ações pode agravar os impactos e tornar as soluções mais difíceis e custosas. A responsabilidade intergeracional exige que ajamos agora para proteger o planeta e garantir um futuro viável para as próximas gerações.

**Seção 10: A Esperança em um Futuro Sustentável**

Embora os desafios do aquecimento global sejam significativos, a esperança reside nas ações coletivas e individuais em direção a um futuro mais sustentável. Nesta seção, discutiremos algumas histórias de sucesso e iniciativas promissoras que oferecem esperança para um futuro mais verde.

10.1 Iniciativas Sustentáveis: Em todo o mundo, diversas iniciativas sustentáveis estão ganhando destaque. Desde projetos de restauração de ecossistemas e conservação de áreas naturais até o investimento em energia limpa e agricultura sustentável, essas ações mostram que é possível alcançar um futuro mais verde.

10.2 Empreendedorismo Sustentável: O empreendedorismo sustentável tem sido uma força motriz para a inovação em direção a um futuro mais sustentável. Empresas e startups estão desenvolvendo tecnologias, produtos e serviços que priorizam a responsabilidade ambiental e social.

10.3 Ação Coletiva: As manifestações e mobilizações populares em prol da proteção do meio ambiente têm se multiplicado em todo o mundo. O ativismo climático tem colocado a questão do aquecimento global na pauta política e incentivado líderes e governos a tomarem medidas mais assertivas.

O capítulo 4 explorou as consequências do aquecimento global, desde as alterações climáticas em escala global até o impacto nos ecossistemas terrestres e aquáticos e o aumento do nível do mar. A preparação, resiliência e adaptação são fundamentais para enfrentar os desafios já em curso.

A responsabilidade intergeracional e a ética ambiental nos lembram que a proteção do meio ambiente é uma obrigação para com as futuras gerações. A esperança reside nas ações coletivas e individuais, nas iniciativas sustentáveis e na inovação tecnológica que podem construir um futuro mais verde e sustentável para a Terra.

A luta contra o aquecimento global é uma responsabilidade compartilhada, que exige a colaboração de todos os setores da sociedade. Somente através de uma ação coordenada e comprometida podemos garantir um futuro mais seguro e saudável para o nosso planeta e para as gerações futuras.

## Seção 11: A Importância da Educação Ambiental e Conscientização

Uma ferramenta poderosa para impulsionar a ação contra o aquecimento global é a educação ambiental e a conscientização pública. Nesta seção, abordaremos a importância de promover a educação ambiental e conscientizar as pessoas sobre os impactos do aquecimento global e a necessidade de ação.

11.1 Educação Ambiental nas Escolas: A introdução da educação ambiental nas escolas é essencial para garantir que as gerações futuras compreendam a gravidade da crise climática e estejam preparadas para enfrentá-la. Ao ensinar sobre o aquecimento global, suas causas e consequências, as escolas capacitam os estudantes a se tornarem cidadãos conscientes e ativos na proteção do meio ambiente.

11.2 Mídia e Comunicação: A mídia e a comunicação têm um papel fundamental na conscientização pública sobre o aquecimento global. Através de campanhas informativas, reportagens e documentários, é possível alcançar um grande público e transmitir informações precisas sobre a crise climática e a importância da ação coletiva.

11.3 Engajamento das Redes Sociais: As redes sociais têm se mostrado um meio poderoso para mobilizar ações em prol do meio ambiente. Campanhas de hashtags, compartilhamento de informações sobre práticas sustentáveis e influenciadores engajados têm um impacto significativo na conscientização e na formação de uma comunidade global comprometida com a causa ambiental.

## Seção 12: Responsabilidade das Empresas e Governos

As empresas e governos têm um papel crucial no enfrentamento do aquecimento global. Nesta seção, discutiremos a responsabilidade das empresas em reduzir suas pegadas de carbono e a importância da ação governamental para implementar políticas de combate ao aquecimento global.

12.1 Responsabilidade Corporativa: As empresas têm a responsabilidade de adotar práticas sustentáveis em suas operações, reduzindo suas emissões de gases de efeito estufa e adotando estratégias de negócios com baixo impacto ambiental. Além disso, é fundamental que as empresas invistam em inovação e tecnologias limpas para impulsionar a transição para uma economia de baixo carbono.

12.2 Políticas e Regulamentações: Os governos desempenham um papel crucial na implementação de políticas e regulamentações para combater o aquecimento global. A adoção de metas de redução de emissões, incentivos para o uso de energias renováveis, investimento em transporte público sustentável e a proteção de áreas naturais são algumas das medidas que os governos podem adotar para promover a sustentabilidade.

12.3 Colaboração Público-Privada: A colaboração entre o setor público e privado é fundamental para enfrentar o aquecimento global. Parcerias entre governos e empresas podem impulsionar iniciativas sustentáveis, compartilhar conhecimentos e recursos, e promover soluções inovadoras para a crise climática.

## Seção 13: A Necessidade de Mudanças Sistêmicas

Embora as ações individuais e empresariais sejam importantes, a luta contra o aquecimento global requer mudanças sistêmicas em nossa sociedade e economia. Nesta seção, discutiremos a importância de abordagens sistêmicas para enfrentar o desafio climático.

13.1 Economia Verde e Circular: A transição para uma economia verde e circular é essencial para reduzir o desperdício e promover o uso eficiente dos recursos naturais. A economia circular busca eliminar o conceito de resíduo, promovendo a reutilização, reciclagem e recuperação de materiais.

13.2 Investimentos em Infraestrutura Sustentável: A promoção de investimentos em infraestrutura sustentável é fundamental para garantir a transição para um futuro mais verde. Investimentos em transporte público, energia renovável, saneamento ecológico e infraestrutura resiliente são essenciais para enfrentar os impactos das mudanças climáticas.

13.3 Equidade Social e Justiça Ambiental: A luta contra o aquecimento global deve ser guiada por princípios de equidade social e justiça ambiental. É crucial garantir que as ações de combate ao aquecimento global não prejudiquem as comunidades mais vulneráveis, e que os benefícios da transição para uma economia sustentável sejam acessíveis a todos.

O capítulo 4 aborda as consequências do aquecimento global, a importância da educação ambiental e conscientização pública, a responsabilidade das empresas e governos, e a necessidade de mudanças sistêmicas para enfrentar o desafio climático.

A resposta ao aquecimento global é complexa, mas é essencial que todos os setores da sociedade se unam para enfrentar esse desafio. A conscientização pública, a educação ambiental, a inovação tecnológica, a colaboração entre governos e empresas, e a promoção de mudanças sistêmicas são elementos fundamentais para alcançar um futuro mais sustentável e proteger o meio ambiente para as gerações futuras.

A esperança reside na ação coletiva e na compreensão de que cada um de nós tem um papel a desempenhar na luta contra o aquecimento global. Somente através de uma ação coordenada e comprometida podemos garantir um futuro mais seguro, saudável e sustentável para o nosso planeta e para todas as formas de vida que dele dependem.

# Capítulo 5: Ética, Espiritualidade E Sustentabilidade

Reflexão sobre a relação do homem com a natureza à luz de ensinamentos espirituais

A ética da responsabilidade para com as gerações futuras

Abordagens religiosas e filosóficas em prol da sustentabilidade

O Capítulo 5 explora a intersecção entre ética, espiritualidade e sustentabilidade. Nesta análise detalhada, refletiremos sobre a relação do homem com a natureza à luz de ensinamentos espirituais, abordaremos a ética da responsabilidade para com as gerações futuras e examinaremos as abordagens religiosas e filosóficas que defendem a sustentabilidade como um princípio fundamental para a harmonia entre o ser humano e o meio ambiente.

## Seção 1: A Natureza na Visão de Ensinos Espirituais

1.1 Conexão entre o Homem e a Natureza: Diversas tradições espirituais têm ensinamentos que enfatizam a conexão intrínseca entre o homem e a natureza. Desde religiões indígenas, como o animismo, até filosofias orientais, como o taoismo e o budismo, essas tradições ressaltam a interdependência entre todos os seres vivos e a importância de honrar e respeitar a natureza.

1.2 Responsabilidade como Guardiões da Criação: Muitos ensinamentos espirituais concebem o homem como um guardião ou zelador da criação divina. Essa visão implica na responsabilidade de cuidar e preservar a natureza, garantindo que a Terra seja protegida para as gerações presentes e futuras.

1.3 Aprender com a Sabedoria da Natureza: Alguns ensinamentos espirituais propõem que a natureza é uma grande professora, repleta de sabedoria e lições para o ser humano. Observar os ciclos da natureza, sua harmonia e equilíbrio, pode inspirar a adoção de práticas mais sustentáveis e alinhadas com a natureza.

## Seção 2: A Ética da Responsabilidade para com as Gerações Futuras

2.1 Visão Intergeracional da Ética: A ética intergeracional é um conceito ético que considera a responsabilidade das gerações presentes em garantir que as futuras gerações também tenham acesso a um ambiente saudável e recursos naturais preservados. Isso implica em tomar decisões sustentáveis hoje, com o bem-estar das gerações futuras em mente.

2.2 O Desafio do Aquecimento Global: A crise do aquecimento global é uma questão que ilustra a importância da ética intergeracional. As decisões tomadas atualmente sobre emissões de gases de efeito estufa, desmatamento e uso de recursos naturais têm impactos significativos no futuro do planeta e nas condições de vida das futuras gerações.

2.3 Preservar a Diversidade Biológica: A manutenção da diversidade biológica é uma das preocupações centrais da ética intergeracional. A preservação da biodiversidade é essencial para garantir a resiliência dos ecossistemas e a capacidade da Terra de sustentar a vida no longo prazo.

## Seção 3: Abordagens Religiosas e Filosóficas em Prol da Sustentabilidade

3.1 O Cuidado com a Criação no Cristianismo: Algumas vertentes do cristianismo promovem o conceito de "cuidado com a criação" como parte da responsabilidade ética dos cristãos. Esse princípio enfatiza a importância de proteger a Terra e seus recursos naturais como uma expressão de amor e respeito pelo que Deus criou.

3.2 A Harmonia com a Natureza no Budismo: O budismo enfatiza a interdependência de todos os seres vivos e a importância de viver em harmonia com a natureza. Práticas como o respeito pelos animais e a valorização de recursos naturais são fundamentais para uma vida ética e sustentável no budismo.

3.3 A Unidade com a Natureza no Taoismo: O taoismo destaca a busca pela harmonia com o Tao, o princípio universal que governa todas as coisas. A filosofia taoísta promove a noção de que o homem deve viver em unidade com a natureza e seguir o fluxo natural da vida.

### Seção 4: A Transformação Ética para a Sustentabilidade

4.1 Mudança de Paradigmas: A busca por uma ética sustentável requer uma mudança de paradigmas, afastando-se de uma visão antropocêntrica e de exploração da natureza para abraçar uma visão mais holística e interconectada com o meio ambiente.

4.2 Responsabilidade Individual e Coletiva: A ética da sustentabilidade envolve a responsabilidade tanto individual quanto coletiva. Cada indivíduo pode contribuir para a proteção do meio ambiente através de ações conscientes e sustentáveis, enquanto a cooperação e colaboração coletivas são fundamentais para enfrentar os desafios globais.

4.3 Liderança Ética: A liderança ética, tanto no âmbito político quanto empresarial, é crucial para promover políticas e práticas sustentáveis. Líderes comprometidos com a ética ambiental podem inspirar mudanças positivas em suas comunidades e organizações.

O Capítulo 5 abordou a interseção entre ética, espiritualidade e sustentabilidade. A reflexão sobre a relação do homem com a natureza à luz de ensinamentos espirituais, a ética da responsabilidade para com as gerações futuras e as abordagens religiosas e filosóficas em prol da sustentabilidade oferecem perspectivas valiosas para enfrentar os desafios do aquecimento global e proteger o meio ambiente para as futuras gerações.

A ética e a espiritualidade podem ser forças motivadoras para impulsionar ações sustentáveis e éticas em todas as esferas da sociedade. A transformação ética para a sustentabilidade requer a adoção de uma visão mais holística e interconectada com a natureza, onde a preservação do meio ambiente é vista como uma responsabilidade coletiva e individual para garantir um futuro mais sustentável para o nosso planeta.

## Seção 5: Educação para a Ética e Espiritualidade Sustentável

5.1 Educação Ambiental e Ética: A inclusão da ética e da espiritualidade sustentável na educação ambiental pode desempenhar um papel crucial na formação de cidadãos conscientes e comprometidos com a proteção do meio ambiente. Através de currículos que integram ensinamentos espirituais e éticos, as escolas podem inspirar os alunos a desenvolver um senso de responsabilidade e conexão com a natureza.

5.2 Exemplos de Educação Sustentável: Em diferentes partes do mundo, iniciativas educacionais têm incorporado princípios éticos e espirituais em sua abordagem à sustentabilidade. Projetos de educação ao ar livre, práticas de agricultura sustentável nas escolas e programas de educação ambiental baseados em tradições espirituais são alguns exemplos inspiradores dessa abordagem.

5.3 O Papel dos Educadores: Os educadores desempenham um papel fundamental na promoção da ética e espiritualidade sustentável entre os alunos. Ao fornecer exemplos de práticas sustentáveis, compartilhar ensinamentos espirituais e incentivar o respeito à natureza, eles podem ajudar a moldar uma nova geração de cidadãos comprometidos com o bem-estar do planeta.

## Seção 6: Ética, Sustentabilidade e Tomada de Decisões Políticas

6.1 Ética na Formulação de Políticas Públicas: A ética deve ser um componente central na formulação de políticas públicas relacionadas ao meio ambiente e ao aquecimento global. Políticas sustentáveis devem ser orientadas por princípios éticos, considerando o bem-estar das gerações futuras, a proteção da biodiversidade e o equilíbrio entre as necessidades humanas e a preservação ambiental.

6.2 Incentivos para a Sustentabilidade: A implementação de incentivos para práticas sustentáveis em nível governamental pode estimular ações éticas e ambientalmente responsáveis. Isenções fiscais para empresas que adotam práticas sustentáveis, subsídios para energia limpa e políticas de conservação de recursos naturais são algumas das abordagens que podem ser adotadas para impulsionar a sustentabilidade.

6.3 Prestação de Contas e Transparência: A prestação de contas e a transparência são fundamentais para garantir que as políticas ambientais sejam implementadas de forma ética e responsável. Governos e instituições públicas devem ser abertos sobre suas ações e resultados em relação à proteção do meio ambiente, permitindo que a sociedade participe ativamente do processo de tomada de decisões.

## Seção 7: Integração de Valores Éticos e Espirituais na Vida Diária

7.1 Práticas Sustentáveis como Expressão de Valores: A incorporação de valores éticos e espirituais na vida diária pode ser manifestada através de práticas sustentáveis. Respeitar a natureza, reduzir o consumo excessivo, adotar uma dieta baseada em plantas e promover o respeito pelos seres vivos são exemplos de como os valores podem se traduzir em ações concretas.

7.2 Voluntariado e Ativismo: O voluntariado e o ativismo em prol da sustentabilidade são formas poderosas de expressar os valores éticos e espirituais na sociedade. Participar de ações de reflorestamento, limpeza de praias, campanhas de conscientização e manifestações climáticas são maneiras de contribuir para a proteção do meio ambiente.

7.3 Cultura do Cuidado: A ética e espiritualidade sustentável podem ajudar a construir uma cultura do cuidado em relação ao meio ambiente e a todos os seres vivos. Ao valorizar a interconexão entre todas as formas de vida e o planeta, a sociedade pode desenvolver uma consciência mais profunda sobre as consequências de suas ações.

O Capítulo 5 destaca a importância de integrar a ética, espiritualidade e sustentabilidade para enfrentar os desafios do aquecimento global e proteger o meio ambiente para as futuras gerações. Refletimos sobre a relação do homem com a natureza à luz de ensinamentos espirituais, abordamos a ética da responsabilidade intergeracional e examinamos as abordagens religiosas e filosóficas em prol da sustentabilidade.

A ética e espiritualidade sustentável são fundamentais para

impulsionar ações individuais, políticas e empresariais que visam proteger o meio ambiente e promover um futuro mais sustentável. A reflexão sobre nossos valores e a conexão com a natureza podem ser catalisadoras para a transformação de nossa sociedade em uma cultura do cuidado e responsabilidade para com a Terra e todas as formas de vida que nela habitam.

A integração desses princípios éticos e espirituais em nossas vidas diárias, nossas decisões políticas e nossas práticas sustentáveis é essencial para garantir que as futuras gerações tenham a oportunidade de desfrutar de um ambiente saudável e equilibrado. A ação coletiva, guiada por esses valores, pode nos conduzir a um futuro mais esperançoso e sustentável para o nosso planeta.

## Seção 8: Desafios e Obstáculos para a Ética e Espiritualidade Sustentável

8.1 Conflitos de Interesses: A busca por uma ética e espiritualidade sustentável pode encontrar obstáculos em conflitos de interesses, especialmente quando as práticas sustentáveis colidem com interesses econômicos de curto prazo. Empresas e governos podem enfrentar resistência em adotar políticas mais sustentáveis quando isso implica em mudanças significativas em seus modelos de negócios ou políticas vigentes.

8.2 Ceticismo e Resistência: Algumas pessoas podem ser céticas em relação à relevância da ética e espiritualidade na abordagem da sustentabilidade. A resistência a mudanças em valores e comportamentos pode dificultar a adoção de práticas mais éticas e sustentáveis em nível individual e coletivo.

8.3 Limitações da Educação e Conscientização: Embora a educação e a conscientização sejam fundamentais para promover a ética e espiritualidade sustentável, existem desafios em alcançar todas as comunidades e culturas ao redor do mundo. A falta de recursos, acesso à educação e barreiras linguísticas podem limitar a disseminação desses princípios em escala global.

## Seção 9: Superando Desafios e Avançando para um Futuro Sustentável

9.1 Liderança Inspiradora: Líderes espirituais, filosóficos e políticos desempenham um papel fundamental na inspiração de práticas sustentáveis e éticas. Líderes carismáticos e comprometidos podem motivar mudanças positivas, influenciar decisões políticas e mobilizar ações coletivas em prol da sustentabilidade.

9.2 Educação e Empoderamento: Investir na educação ambiental, espiritual e ética é essencial para capacitar as pessoas com o conhecimento e a consciência necessários para adotar práticas sustentáveis em suas vidas diárias. Ao empoderar as pessoas com informações e habilidades, podemos superar os obstáculos à mudança e promover ações coletivas.

9.3 Colaboração e Alianças: A colaboração entre diferentes setores da sociedade, incluindo governos, empresas, organizações não governamentais e comunidades locais, é fundamental para enfrentar os desafios da sustentabilidade. Alianças estratégicas podem unir forças para enfrentar problemas complexos e impulsionar soluções inovadoras.

## Seção 10: Inspirando a Transformação Coletiva

10.1 Narrativas Inspiradoras: Narrativas inspiradoras que enfatizam a conexão entre a ética, espiritualidade e sustentabilidade podem mobilizar ações coletivas. Histórias de sucesso, exemplos de comunidades sustentáveis e iniciativas transformadoras podem motivar outras pessoas e instituições a adotarem práticas mais éticas e sustentáveis.

10.2 Celebrando a Diversidade Cultural: Reconhecer e celebrar a diversidade cultural e espiritual do mundo é essencial para a construção de uma ética e espiritualidade sustentável. Ao reconhecer as diferentes formas de conexão com a natureza e valores éticos, podemos promover abordagens inclusivas e respeitosas para enfrentar os desafios da sustentabilidade.

10.3 Visão de Futuro Compartilhada: A construção de uma visão de futuro compartilhada, baseada em princípios éticos e espirituais sustentáveis, é fundamental para guiar a transformação coletiva. Ao criar um senso de propósito e unidade em torno da proteção do meio ambiente, podemos superar divisões e trabalhar juntos em prol de um futuro mais sustentável.

O Capítulo 5 explorou os temas da ética, espiritualidade e sustentabilidade, destacando a importância de refletir sobre a relação do homem com a natureza à luz de ensinamentos espirituais, a ética da responsabilidade para com as gerações futuras e as abordagens religiosas e filosóficas em prol da sustentabilidade.

A integração da ética e espiritualidade sustentável pode ser um poderoso motor de mudança para enfrentar os desafios do aquecimento global e proteger o meio ambiente para as futuras gerações. Superar os desafios e obstáculos requer liderança inspiradora, educação e empoderamento, colaboração e alianças, além de narrativas inspiradoras e uma visão de futuro compartilhada.

Ao unir esforços em uma transformação coletiva, podemos construir uma cultura do cuidado e responsabilidade para com a Terra e todas as formas de vida que nela habitam. A ética e espiritualidade sustentável são pilares fundamentais para um futuro mais esperançoso, justo e equilibrado, em que a harmonia entre o ser humano e o meio ambiente é preservada para as gerações presentes e futuras.

# Capítulo 6: Desafios Sociais E Políticos

A resistência à conscientização sobre o aquecimento global

Políticas governamentais e internacionais para enfrentar o problema

A necessidade de cooperação global para soluções efetivas

O Capítulo 6 aborda os desafios sociais e políticos relacionados ao aquecimento global. Nesta análise detalhada, discutiremos a resistência à conscientização sobre o aquecimento global, as políticas governamentais e internacionais para enfrentar o problema e a necessidade de cooperação global para soluções efetivas.

## Seção 1: Resistência à Conscientização sobre o Aquecimento Global

1.1 Negacionismo Climático: Um dos principais desafios sociais é a existência de movimentos de negacionismo climático que contestam a realidade do aquecimento global e a influência das atividades humanas sobre as mudanças climáticas. Essas posturas podem atrasar ações efetivas para combater o problema, já que impedem a criação de consenso e a adoção de políticas sustentáveis.

1.2 Interesses Econômicos: Setores da indústria que dependem de combustíveis fósseis e práticas insustentáveis podem exercer influência política para evitar regulamentações mais rigorosas e promover a continuidade de atividades prejudiciais ao meio ambiente. A proteção de interesses econômicos de curto prazo pode ser uma barreira para a adoção de medidas efetivas de mitigação e adaptação.

1.3 Desinformação e Fake News: A disseminação de desinformação e notícias falsas sobre o aquecimento global pode confundir o público e minar os esforços de conscientização sobre a crise climática. É importante enfrentar a desinformação com base em evidências científicas sólidas e garantir que a informação correta alcance o público.

## Seção 2: Políticas Governamentais e Internacionais

2.1 Desafios Políticos Internos: A implementação de políticas ambientais efetivas pode enfrentar desafios no âmbito político interno. Mudanças de governo, oposição partidária e interesses divergentes podem levar a mudanças de direcionamento nas políticas de enfrentamento do aquecimento global, dificultando a continuidade de ações sustentáveis.

2.2 Pressões Internacionais: A cooperação internacional para abordar o aquecimento global pode ser afetada por disputas políticas e interesses nacionais conflitantes. Países com economias altamente dependentes de combustíveis fósseis podem resistir a medidas que prejudiquem seus interesses econômicos, dificultando a criação de acordos globais efetivos.

2.3 Papel das Nações Desenvolvidas e em Desenvolvimento: As nações desenvolvidas têm uma responsabilidade histórica maior nas emissões de gases de efeito estufa, enquanto as nações em desenvolvimento frequentemente argumentam que devem priorizar o crescimento econômico para superar a pobreza. Encontrar um equilíbrio entre a responsabilidade histórica e a necessidade de desenvolvimento é um desafio nas negociações internacionais sobre o clima.

## Seção 3: Necessidade de Cooperação Global para Soluções Efetivas

3.1 Acordos Internacionais sobre o Clima: A cooperação global é essencial para enfrentar o aquecimento global. Acordos internacionais, como o Acordo de Paris, buscam estabelecer metas globais para a redução das emissões de gases de efeito estufa e promover a cooperação entre os países. A implementação efetiva desses acordos é fundamental para alcançar resultados significativos.

3.2 Papel das Organizações Internacionais: Organizações como as Nações Unidas têm um papel importante na coordenação de esforços internacionais para combater o aquecimento global. Essas organizações podem fornecer uma plataforma para o diálogo e a cooperação entre os países, além de auxiliar na implementação de políticas e programas de sustentabilidade.

3.3 Incentivos para a Cooperação: Incentivos econômicos e políticos podem ser empregados para promover a cooperação global em relação ao aquecimento global. A cooperação pode ser fortalecida através de parcerias estratégicas, programas de intercâmbio de conhecimento e tecnologia, e a criação de mecanismos de incentivo para países que adotam políticas sustentáveis.

### Seção 4: Superando os Desafios Sociais e Políticos

4.1 Educação e Conscientização Pública: A educação e a conscientização pública são fundamentais para superar os desafios sociais relacionados ao aquecimento global. Iniciativas de educação ambiental, campanhas de conscientização e comunicação efetiva sobre a ciência climática são essenciais para informar o público e combater a desinformação.

4.2 Diálogo e Engajamento Multissetorial: O diálogo e o engajamento entre diferentes setores da sociedade, incluindo governos, empresas, organizações não governamentais e comunidades locais, são fundamentais para superar os desafios políticos relacionados ao aquecimento global. O envolvimento de diversos atores pode promover soluções inovadoras e a criação de consensos para ações mais efetivas.

4.3 Liderança Política Comprometida: A liderança política comprometida com a sustentabilidade é essencial para enfrentar os desafios sociais e políticos relacionados ao aquecimento global. Líderes que priorizam a proteção do meio ambiente e buscam políticas sustentáveis podem inspirar mudanças significativas e mobilizar ações coletivas.

O Capítulo 6 abordou os desafios sociais e políticos relacionados ao aquecimento global. A resistência à conscientização, os obstáculos políticos internos e internacionais, e a necessidade de cooperação global para soluções efetivas são aspectos fundamentais a serem considerados na busca por enfrentar a crise climática.

A conscientização pública, a educação, o diálogo e o engajamento multissetorial, bem como a liderança política comprometida, são elementos-chave para superar esses desafios e avançar na implementação de políticas sustentáveis para enfrentar o aquecimento global.

A cooperação global, representada por acordos internacionais e organizações internacionais, desempenha um papel central para alcançar resultados efetivos na luta contra as mudanças climáticas. Somente com a colaboração de todos os países e atores envolvidos é possível criar um futuro mais sustentável e garantir a proteção do meio ambiente para as futuras gerações.

## Seção 5: Inovação Tecnológica e Soluções Sustentáveis

5.1 Desenvolvimento de Tecnologias Limpas: A inovação tecnológica desempenha um papel crucial na busca por soluções sustentáveis para o aquecimento global. O desenvolvimento de tecnologias limpas, como energias renováveis, armazenamento de energia, veículos elétricos e captura e armazenamento de carbono, pode reduzir significativamente as emissões de gases de efeito estufa e promover a transição para uma economia de baixo carbono.

5.2 Investimento em Pesquisa e Desenvolvimento: O investimento em pesquisa e desenvolvimento de tecnologias sustentáveis é essencial para impulsionar a inovação e viabilizar a adoção em larga escala dessas soluções. Governos, empresas e instituições de pesquisa têm um papel importante em promover o avanço tecnológico e aprimorar as alternativas sustentáveis.

5.3 Desafios Tecnológicos e Barreiras Financeiras: Embora as tecnologias sustentáveis tenham um grande potencial para combater o aquecimento global, elas também enfrentam desafios tecnológicos e barreiras financeiras. Ainda é necessário superar obstáculos técnicos e tornar essas tecnologias mais acessíveis e economicamente viáveis para implementação em grande escala.

## Seção 6: Fortalecendo a Ação Coletiva e a Participação Cidadã

6.1 Movimentos Sociais e Ativismo Climático: Movimentos sociais e ativistas climáticos desempenham um papel fundamental em conscientizar a sociedade sobre a urgência da crise climática e exigir ações concretas dos governos e instituições. Protestos, greves climáticas e campanhas de mobilização têm contribuído para colocar a questão do aquecimento global na agenda política e pressionar por mudanças substanciais.

6.2 Engajamento Cidadão: A participação cidadã é essencial para fortalecer a ação coletiva em prol da sustentabilidade. Os cidadãos podem exercer seu papel ativo através do voto em líderes comprometidos com a proteção do meio ambiente, bem como participando de processos de tomada de decisão e contribuindo para a formulação de políticas sustentáveis em nível local e global.

6.3 Parcerias Público-Privadas: A colaboração entre o setor público e o setor privado é fundamental para promover soluções efetivas para o aquecimento global. Parcerias público-privadas podem viabilizar investimentos em tecnologias sustentáveis, estimular a adoção de práticas ambientais responsáveis pelas empresas e acelerar a transição para uma economia de baixo carbono.

## Seção 7: Construindo um Futuro Sustentável

**7.1 Compromisso Internacional Renovado:** O enfrentamento do aquecimento global requer um compromisso internacional renovado com a cooperação e ação coletiva. A implementação do Acordo de Paris e a busca por metas mais ambiciosas são essenciais para limitar o aumento da temperatura global e proteger o meio ambiente.

**7.2 Transição Energética e Descarbonização:** A transição energética e a descarbonização da economia são fundamentais para alcançar um futuro sustentável. Investimentos em energias renováveis, eficiência energética e redução do uso de combustíveis fósseis são passos cruciais para mitigar os impactos do aquecimento global.

**7.3 Educação e Capacitação:** A educação e a capacitação são ferramentas poderosas para construir um futuro sustentável. A formação de uma sociedade mais consciente, informada e engajada pode impulsionar ações individuais e coletivas em prol da proteção do meio ambiente e da adoção de práticas sustentáveis.

O Capítulo 6 explorou os desafios sociais e políticos relacionados ao aquecimento global e apresentou possíveis soluções para superá-los. A resistência à conscientização, as complexidades políticas internas e internacionais, e a necessidade de cooperação global são obstáculos a serem enfrentados na busca por soluções efetivas para a crise climática.

A inovação tecnológica, a participação cidadã, a cooperação entre setores e a liderança política comprometida são elementos-chave para fortalecer a ação coletiva e enfrentar os desafios climáticos de forma efetiva. Construir um futuro sustentável exige um compromisso internacional renovado, a implementação de políticas sustentáveis e a transição para uma economia de baixo carbono.

A superação dos desafios sociais e políticos requer esforços conjuntos, tanto em nível global quanto local, envolvendo governos, empresas, organizações da sociedade civil e cidadãos. Somente através da cooperação global e da adoção de práticas sustentáveis é possível garantir um futuro mais seguro e sustentável para as gerações presentes e futuras. A hora de agir é agora, e juntos podemos enfrentar o desafio do aquecimento global e criar um mundo mais resiliente e equitativo para todos.

**Seção 8: Promovendo a Justiça Climática e a Equidade Social**

8.1 Desigualdades e Vulnerabilidades: O aquecimento global afeta de forma desproporcional as comunidades mais vulneráveis e desfavorecidas ao redor do mundo. As populações de baixa renda, minorias étnicas, povos indígenas e países em desenvolvimento estão entre os mais afetados pelos impactos das mudanças climáticas. É fundamental promover a justiça climática e a equidade social, garantindo que as ações para enfrentar o aquecimento global não agravem ainda mais as desigualdades existentes.

8.2 Transferência de Tecnologia e Recursos: A cooperação global deve incluir a transferência de tecnologia e recursos dos países desenvolvidos para os países em desenvolvimento, permitindo que eles possam adotar práticas sustentáveis e se adaptar aos efeitos das mudanças climáticas. Isso ajudará a nivelar o campo de atuação e promover a equidade no enfrentamento do aquecimento global.

8.3 Participação e Inclusão: A participação ativa e inclusiva das comunidades afetadas pelo aquecimento global é essencial para garantir que as soluções adotadas sejam justas e adequadas às suas necessidades. O envolvimento das partes interessadas locais na tomada de decisões e na implementação de políticas climáticas é fundamental para promover a equidade social.

**Seção 9: Economia Verde e Sustentável**

9.1 Transição para uma Economia Verde: Uma economia verde e sustentável é fundamental para enfrentar os desafios do aquecimento global. Investir em setores verdes, como energias renováveis, transporte limpo, agricultura sustentável e eficiência energética, pode criar empregos e impulsionar o crescimento econômico, ao mesmo tempo em que reduz as emissões de gases de efeito estufa

9.2 Incentivos e Regulamentações: Incentivos fiscais, subsídios e regulamentações adequadas são instrumentos importantes para impulsionar a transição para uma economia verde. Estimular investimentos em tecnologias limpas e desencorajar práticas insustentáveis são medidas essenciais para promover a sustentabilidade econômica.

9.3 Responsabilidade Empresarial: As empresas desempenham um papel crucial na transição para uma economia sustentável. A responsabilidade empresarial inclui a adoção de práticas ambientalmente responsáveis, a redução da pegada de carbono e o investimento em tecnologias limpas. Além disso, as empresas podem ser agentes de mudança ao incentivar a cadeia de suprimentos a adotar práticas sustentáveis.

## Seção 10: Ação Local e Global para um Futuro Sustentável

10.1 Enfrentamento dos Desafios Locais: A ação local é fundamental para enfrentar os desafios do aquecimento global. Cidades, estados e comunidades têm um papel importante na implementação de políticas sustentáveis, na adaptação aos efeitos das mudanças climáticas e na promoção de práticas ambientalmente responsáveis.

10.2 Cooperação Internacional Contínua: A cooperação global contínua é essencial para enfrentar a crise climática. A busca por acordos internacionais mais ambiciosos, o compartilhamento de melhores práticas e o apoio mútuo entre os países são fundamentais para garantir a efetividade das ações no enfrentamento do aquecimento global.

10.3 Empoderamento da Sociedade Civil: A sociedade civil desempenha um papel crucial na construção de um futuro sustentável. O empoderamento da sociedade civil inclui o engajamento ativo em questões climáticas, a defesa por políticas sustentáveis, o suporte a movimentos climáticos e a cobrança de ações dos governos e empresas.

O Capítulo 6 destacou os desafios sociais e políticos relacionados ao aquecimento global e apresentou estratégias para superá-los. A promoção da justiça climática e da equidade social, a transição para uma economia verde e sustentável e a ação local e global são elementos-chave para enfrentar a crise climática.

A cooperação global, envolvendo governos, empresas, sociedade civil e comunidades locais, é fundamental para garantir um futuro mais sustentável e resiliente para o nosso planeta. A proteção do meio ambiente, a promoção da justiça social e a busca por soluções inovadoras devem ser prioridades compartilhadas por todos.

É hora de agir com urgência e determinação. Somente através da ação coletiva, da cooperação global e do compromisso com a sustentabilidade podemos enfrentar o desafio do aquecimento global e garantir um futuro seguro e próspero para as gerações presentes e futuras. Cada passo dado em direção a um mundo mais sustentável é um passo em direção à proteção do nosso planeta e ao bem-estar de todos os seres que nele habitam. A hora de agir é agora!

### Seção 11: Educação para a Sustentabilidade

11.1 Educação Ambiental: A educação ambiental desempenha um papel fundamental na conscientização e capacitação das gerações futuras para enfrentar os desafios do aquecimento global. Incluir temas relacionados ao meio ambiente, sustentabilidade e mudanças climáticas nos currículos escolares pode ajudar a formar cidadãos mais conscientes e comprometidos com práticas sustentáveis.

11.2 Alfabetização Climática: A alfabetização climática é essencial para garantir que as pessoas possam compreender e analisar informações relacionadas ao clima. Fornecer informações precisas e baseadas em evidências sobre o aquecimento global é fundamental para combater a desinformação e promover a ação informada.

11.3 Capacitação Comunitária: Além da educação formal, é

importante investir em capacitação comunitária para promover ações sustentáveis em nível local. Incentivar a participação das comunidades na tomada de decisões, oferecer treinamentos sobre práticas sustentáveis e promover ações coletivas podem impulsionar a mudança positiva.

## Seção 12: Mobilização de Recursos Financeiros

12.1 Financiamento Climático: A mobilização de recursos financeiros é essencial para viabilizar ações efetivas de enfrentamento do aquecimento global. Governos, organizações internacionais e instituições financeiras precisam investir em projetos de mitigação e adaptação, bem como em tecnologias sustentáveis.

12.2 Investidores Sustentáveis: Investidores e empresas também desempenham um papel importante na mobilização de recursos financeiros para a sustentabilidade. Promover o investimento em projetos sustentáveis, estabelecer critérios ambientais, sociais e de governança (ESG) para a tomada de decisões de investimento e incentivar práticas empresariais responsáveis são estratégias-chave nesse sentido.

12.3 Cooperação Internacional em Finanças: A cooperação internacional em finanças é essencial para apoiar os países em desenvolvimento na luta contra o aquecimento global. O estabelecimento de fundos internacionais, a alocação de recursos para projetos de sustentabilidade e a assistência financeira são medidas que podem impulsionar a ação global em prol do clima.

## Seção 13: A Importância da Ciência e da Inovação

13.1 Basear Decisões em Evidências Científicas: A ciência é a base para a compreensão do aquecimento global e suas consequências. É fundamental que as políticas e ações relacionadas ao clima sejam baseadas em evidências científicas sólidas para garantir que sejam efetivas e bem fundamentadas.

13.2 Pesquisa em Mudanças Climáticas: O investimento em pesquisa sobre mudanças climáticas é essencial para aprimorar nosso entendimento sobre o fenômeno e suas implicações. A pesquisa contínua pode fornecer insights para a criação de soluções mais eficazes e adaptadas aos desafios climáticos.

13.3 Inovação para a Sustentabilidade: A inovação é fundamental para impulsionar a transição para um futuro sustentável. Investir em tecnologias limpas, práticas agrícolas sustentáveis, soluções de transporte eficiente e outras inovações pode acelerar a luta contra o aquecimento global.

O Capítulo 6 abordou os desafios sociais e políticos relacionados ao aquecimento global e apresentou estratégias para enfrentá-los. A promoção da justiça climática, a transição para uma economia verde, a ação local e global, a educação para a sustentabilidade e a mobilização de recursos financeiros são elementos-chave para enfrentar a crise climática.

Garantir um futuro sustentável requer esforços coordenados, envolvendo governos, empresas, sociedade civil e indivíduos. A ação coletiva é fundamental para superar os desafios e encontrar soluções efetivas para o aquecimento global.

A proteção do meio ambiente, a promoção da justiça social e a busca por práticas sustentáveis devem ser prioridades compartilhadas por todos. A cooperação global, o compromisso com a ciência e a inovação contínua são fundamentais para garantir um futuro mais seguro e sustentável para as gerações presentes e futuras.

Concluir este capítulo é reforçar a urgência da ação e a importância de enfrentar os desafios sociais e políticos relacionados ao aquecimento global. Cada passo dado em direção à sustentabilidade é um passo em direção ao futuro que queremos para nosso planeta: um futuro resiliente, equitativo e próspero para todos os seres que nele habitam. A hora de agir é agora!

# Capítulo 7: A Busca Por Soluções Sustentáveis

Energias renováveis e tecnologias limpas

Iniciativas e projetos de sucesso na área ambiental

O papel da ciência e da inovação para um futuro mais sustentável

O Capítulo 7 explora as soluções sustentáveis para enfrentar o desafio do aquecimento global. Nesta análise detalhada, abordaremos a importância das energias renováveis e tecnologias limpas, destacando iniciativas e projetos de sucesso na área ambiental. Além disso, discutiremos o papel crucial da ciência e da inovação para a construção de um futuro mais sustentável.

## Seção 1: Energias Renováveis e Tecnologias Limpas

1.1 Energia Solar: A energia solar é uma das principais fontes de energia renovável e tem um enorme potencial para substituir as fontes de energia fósseis. Painéis solares fotovoltaicos convertem a luz solar em eletricidade limpa e renovável, proporcionando uma alternativa sustentável para a produção de energia.

1.2 Energia Eólica: A energia eólica é outra importante fonte de energia renovável. Utilizando a força dos ventos, turbinas eólicas geram eletricidade sem a emissão de gases de efeito estufa. Parques eólicos têm se expandido em todo o mundo, contribuindo significativamente para a diversificação da matriz energética.

1.3 Energia Hidrelétrica: A energia hidrelétrica é uma fonte renovável estabelecida há décadas. A construção de usinas hidrelétricas permite a geração de eletricidade a partir do movimento das águas, tornando-se uma fonte de energia limpa e confiável.

1.4 Energia Geotérmica: A energia geotérmica aproveita o calor natural proveniente do interior da Terra para gerar eletricidade e aquecimento. Essa tecnologia pode ser aplicada em regiões com atividade geotérmica, contribuindo para a sustentabilidade da produção de energia.

1.5 Energia das Marés e Ondas: As energias das marés e ondas são fontes de energia renovável ainda em desenvolvimento, mas com grande potencial. A captura da energia cinética das marés e ondas pode fornecer eletricidade de forma sustentável, aproveitando o movimento natural das águas.

1.6 Tecnologias de Armazenamento de Energia: O desenvolvimento de tecnologias de armazenamento de energia é crucial para garantir a eficiência e a estabilidade das fontes de energia renovável. Baterias de alta capacidade e sistemas de armazenamento avançados podem equilibrar a oferta e a demanda de eletricidade, tornando as energias renováveis mais confiáveis e acessíveis.

**Seção 2: Iniciativas e Projetos de Sucesso na Área Ambiental**

2.1 Parques Nacionais e Reservas Naturais: Iniciativas de conservação, como a criação de parques nacionais e reservas naturais, são fundamentais para a proteção da biodiversidade e dos ecossistemas. Essas áreas preservadas promovem a conservação de habitats, a manutenção de espécies ameaçadas e a preservação de recursos naturais valiosos.

2.2 Projetos de Reflorestamento e Restauração de Ecossistemas: O reflorestamento e a restauração de ecossistemas degradados são estratégias importantes para mitigar os efeitos do aquecimento global. Aumentar a cobertura florestal contribui para a captura de carbono, a preservação da biodiversidade e a proteção contra eventos climáticos extremos.

2.3 Agricultura Sustentável: A adoção de práticas agrícolas sustentáveis, como a agricultura de conservação, a agroecologia e o uso responsável de recursos naturais, é essencial para garantir a segurança alimentar e a sustentabilidade da produção agrícola. Agriculturas resilientes e amigáveis ao meio ambiente contribuem para a proteção do solo, da água e da biodiversidade.

2.4 Cidades Sustentáveis: A criação de cidades sustentáveis é um desafio relevante no contexto da urbanização acelerada. Iniciativas que promovem o planejamento urbano inteligente, o transporte limpo, o uso eficiente de recursos e a promoção da qualidade de vida dos cidadãos são fundamentais para o desenvolvimento de comunidades mais sustentáveis.

2.5 Práticas Empresariais Responsáveis: Empresas têm o poder de promover a sustentabilidade por meio de práticas empresariais responsáveis. A adoção de critérios ESG (ambientais, sociais e de governança), o investimento em tecnologias limpas, a redução da pegada de carbono e o compromisso com a responsabilidade social são exemplos de iniciativas que contribuem para um futuro mais sustentável.

**Seção 3: O Papel da Ciência e da Inovação para um Futuro mais Sustentável**

3.1 Pesquisa em Energias Renováveis: A pesquisa científica é essencial para impulsionar o desenvolvimento de tecnologias mais eficientes e acessíveis em energia renovável. Investir em pesquisas sobre novos materiais, eficiência energética e tecnologias de armazenamento pode acelerar a transição para uma matriz energética mais limpa.

3.2 Modelagem Climática e Previsões: A ciência climática e a modelagem climática são fundamentais para entender os padrões de mudanças climáticas e prever seus efeitos futuros. A previsão de eventos climáticos extremos, como secas e tempestades, é importante para a adaptação e a mitigação dos impactos do aquecimento global.

3.3 Novas Tecnologias Ambientais: A inovação tecnológica é essencial para encontrar soluções mais eficientes e sustentáveis para os desafios ambientais. Novas tecnologias, como dispositivos de limpeza do ar, sistemas de monitoramento da qualidade da água e tecnologias de reciclagem avançadas, podem melhorar a gestão ambiental e a conservação de recursos.

3.4 Tecnologia de Baixo Carbono: Investir em tecnologias de baixo carbono é uma maneira eficaz de reduzir as emissões de gases de efeito estufa em diversos setores da economia. Iniciativas como a captura e armazenamento de carbono (CAC) e a produção de combustíveis sintéticos sustentáveis têm o potencial de reduzir significativamente a pegada de carbono da sociedade.

3.5 Educação e Conscientização: A ciência e a inovação desempenham um papel fundamental na educação e conscientização da sociedade sobre a importância da sustentabilidade. A disseminação de informações cientificamente embasadas e a promoção do pensamento crítico são essenciais para engajar a população nas questões ambientais e na busca por soluções sustentáveis.

O Capítulo 7 enfatiza a importância das soluções sustentáveis para enfrentar o aquecimento global. A adoção de energias renováveis e tecnologias limpas, o desenvolvimento de iniciativas e projetos ambientais bem-sucedidos e o investimento em ciência e inovação são fundamentais para construir um futuro mais sustentável.

A busca por soluções sustentáveis é uma tarefa coletiva que envolve governos, empresas, instituições de pesquisa, sociedade civil e indivíduos. A ação conjunta em prol da sustentabilidade é crucial para proteger o meio ambiente, promover a justiça social e garantir um futuro seguro e próspero para as gerações presentes e futuras.

Cada passo em direção à sustentabilidade é uma contribuição para a proteção do nosso planeta e a preservação da vida em todas as suas formas. A hora de agir é agora, e a busca por soluções sustentáveis é a chave para enfrentar o desafio do aquecimento global e criar um mundo mais resiliente e equitativo para todos.

## Seção 4: Políticas e Incentivos para a Sustentabilidade

4.1 Políticas Ambientais e Acordos Internacionais: A implementação de políticas ambientais robustas é fundamental para direcionar ações coletivas em prol da sustentabilidade. Governos e instituições internacionais podem estabelecer regulamentações e metas para redução de emissões, incentivar o uso de energias renováveis, promover a conservação de ecossistemas e adotar medidas de adaptação às mudanças climáticas.

4.2 Preços de Carbono e Taxação Ambiental: A precificação do carbono é uma estratégia econômica eficaz para internalizar os custos ambientais da emissão de gases de efeito estufa. A implementação de taxas sobre carbono ou o estabelecimento de mercados de carbono podem incentivar a redução de emissões e promover a transição para uma economia de baixo carbono.

4.3 Subsídios e Incentivos Sustentáveis: Governos podem incentivar práticas sustentáveis por meio de subsídios e incentivos financeiros para o desenvolvimento de tecnologias limpas, investimentos em energias renováveis e práticas agrícolas sustentáveis. Essas medidas podem estimular a adoção de soluções ambientalmente responsáveis e acelerar a transição para um modelo econômico mais sustentável.

## Seção 5: Parcerias e Cooperação para a Sustentabilidade

5.1 Parcerias entre Setores: A cooperação entre setores é essencial para promover a sustentabilidade. Governos, empresas e organizações da sociedade civil podem trabalhar em conjunto para desenvolver projetos ambientais, promover práticas sustentáveis e compartilhar conhecimentos e recursos.

5.2 Cooperação Internacional: A busca por soluções sustentáveis requer uma abordagem global e colaborativa. A cooperação internacional é fundamental para enfrentar desafios ambientais que transcendem fronteiras nacionais. Acordos e tratados internacionais, como o Acordo de Paris, fornecem plataformas para a cooperação global em prol da sustentabilidade.

## Seção 6: Educação Ambiental e Conscientização

6.1 Educação Ambiental nas Escolas: A inclusão de educação ambiental nos currículos escolares é uma maneira eficaz de conscientizar e engajar os jovens na busca por soluções sustentáveis. Através do ensino de conceitos e práticas sustentáveis, as novas gerações podem ser preparadas para enfrentar os desafios ambientais do futuro.

6.2 Campanhas de Conscientização: Iniciativas de conscientização pública têm o poder de mobilizar a sociedade em prol da sustentabilidade. Campanhas de mídia, eventos educativos e engajamento nas redes sociais podem disseminar informações sobre a importância da proteção do meio ambiente e motivar ações individuais e coletivas em busca de um futuro mais sustentável.

6.3 Participação da Comunidade: A participação da comunidade é essencial para promover soluções sustentáveis em nível local. Incentivar o envolvimento ativo dos cidadãos nas decisões relacionadas ao meio ambiente, realizar consultas públicas e envolver as comunidades nas práticas de conservação podem fortalecer ações sustentáveis.

O Capítulo 7 destaca a busca por soluções sustentáveis como uma resposta crucial ao desafio do aquecimento global. A adoção de energias renováveis e tecnologias limpas, a implementação de políticas e incentivos para a sustentabilidade, a cooperação entre setores e a promoção da educação ambiental e conscientização são elementos-chave para construir um futuro mais sustentável.

A busca por soluções sustentáveis é um esforço coletivo que requer o envolvimento de governos, empresas, instituições de pesquisa, sociedade civil e indivíduos. Somente através da ação conjunta podemos enfrentar os desafios ambientais, proteger o meio ambiente e garantir um futuro seguro e próspero para as gerações presentes e futuras.

Cada passo em direção à sustentabilidade é uma contribuição valiosa para a proteção de nosso planeta e a preservação da vida em todas as suas formas. A busca por soluções sustentáveis é a chave para construirmos um mundo mais resiliente, equitativo e saudável para todos. A hora de agir é agora!

## Seção 7: Inovação Tecnológica e Pesquisa Científica

7.1 Investimentos em Pesquisa e Desenvolvimento: A inovação

tecnológica desempenha um papel fundamental na busca por soluções sustentáveis. Investimentos em pesquisa e desenvolvimento em áreas como energia limpa, eficiência energética, agricultura sustentável e tecnologias de remediação ambiental podem impulsionar a criação de soluções mais eficazes para os desafios ambientais.

7.2 Tecnologias de Baixo Carbono: O desenvolvimento e adoção de tecnologias de baixo carbono são essenciais para reduzir as emissões de gases de efeito estufa e combater o aquecimento global. Tecnologias como captura de carbono, energias renováveis avançadas e veículos elétricos são exemplos de inovações que podem contribuir significativamente para a sustentabilidade.

7.3 Ciência e Monitoramento Ambiental: A ciência desempenha um papel crucial na compreensão dos impactos das atividades humanas no meio ambiente e na identificação de soluções adequadas. O monitoramento ambiental contínuo e a coleta de dados são fundamentais para avaliar os progressos e os desafios enfrentados na busca por um futuro mais sustentável.

**Seção 8: Mobilização da Sociedade Civil e Engajamento Político**

8.1 Movimentos e Campanhas Ambientais: A mobilização da sociedade civil por meio de movimentos e campanhas ambientais tem sido uma força impulsionadora na luta pela sustentabilidade. Manifestações, greves climáticas e petições têm influenciado a agenda política e incentivado a adoção de políticas ambientalmente responsáveis.

8.2 Participação Cidadã e Engajamento Político: A participação ativa dos cidadãos no processo político é fundamental para promover a sustentabilidade. O engajamento em debates públicos, a cobrança de ações governamentais e o voto em líderes comprometidos com a causa ambiental podem exercer um impacto significativo nas decisões políticas relacionadas ao meio ambiente.

## Seção 9: Economia Circular e Consumo Consciente

9.1 Economia Circular: A transição para uma economia circular é uma estratégia-chave para a sustentabilidade. Nesse modelo, os recursos são usados de forma mais eficiente, os resíduos são minimizados e os materiais são reaproveitados e reciclados. A adoção de práticas de economia circular pode reduzir a pressão sobre os recursos naturais e os impactos ambientais.

9.2 Consumo Consciente: O consumo consciente é um comportamento individual que pode contribuir para a sustentabilidade. Ao optar por produtos sustentáveis, reduzir o desperdício e considerar o impacto ambiental das escolhas de consumo, os indivíduos podem promover práticas mais responsáveis e influenciar as cadeias produtivas em direção a uma produção mais sustentável.

## Seção 10: Educação Ambiental e Conscientização

10.1 Educação Ambiental nas Escolas: A educação ambiental desempenha um papel essencial na formação de cidadãos conscientes e engajados com a sustentabilidade. Incluir temas ambientais nos currículos escolares, realizar atividades educativas e promover a conexão com a natureza podem estimular o desenvolvimento de valores e atitudes ambientalmente responsáveis nas novas gerações.

10.2 Comunicação e Mídia: A comunicação e a mídia têm um papel crucial na conscientização da sociedade sobre questões ambientais. Jornalismo responsável, reportagens investigativas e divulgação científica são meios eficazes para disseminar informações precisas e promover a compreensão dos desafios ambientais.

10.3 Engajamento em Comunidades Locais: O engajamento em comunidades locais é uma forma poderosa de promover a sustentabilidade em nível regional. Iniciativas de conscientização, eventos educativos e ações coletivas podem fortalecer a conexão com o meio ambiente e motivar a adoção de práticas sustentáveis em âmbito local.

O Capítulo 7 enfatiza a busca contínua por soluções sustentáveis como a chave para enfrentar o desafio do aquecimento global e preservar o meio ambiente para as futuras gerações. A adoção de energias renováveis, o desenvolvimento de tecnologias limpas, a implementação de políticas ambientais, a cooperação global e o engajamento da sociedade civil são elementos fundamentais para construir um futuro mais sustentável.

A proteção do meio ambiente e a promoção da sustentabilidade são responsabilidades compartilhadas por todos, sejam indivíduos, governos, empresas ou organizações. Cada passo em direção à sustentabilidade é uma contribuição valiosa para a preservação do nosso planeta e para garantir um futuro seguro e próspero para as gerações presentes e futuras.

A hora de agir é agora. A busca por soluções sustentáveis requer esforços contínuos e ações coordenadas em níveis global, nacional e local. Somente através do compromisso coletivo com a sustentabilidade podemos enfrentar os desafios ambientais, superar as barreiras e alcançar um futuro mais resiliente e equitativo para todos os seres que habitam a Terra.

# Capítulo 8: A Responsabilidade Individual E Coletiva

A mudança de comportamento como instrumento de transformação

O ativismo ambiental e o engajamento da sociedade civil

Como cada indivíduo pode contribuir para enfrentar o aquecimento

Global

O Capítulo 8 aborda a importância da responsabilidade individual e coletiva na luta contra o aquecimento global. Nesta seção, exploraremos a mudança de comportamento como um instrumento de transformação, o ativismo ambiental e o engajamento da sociedade civil, além de discutir como cada indivíduo pode contribuir para enfrentar esse desafio global.

### Seção 1: A Mudança de Comportamento como Instrumento de Transformação

1.1 Reflexão sobre Estilos de Vida: A conscientização sobre nosso estilo de vida e seu impacto ambiental é o primeiro passo para a mudança. Refletir sobre nossos hábitos de consumo, o uso de recursos naturais e a geração de resíduos pode nos ajudar a identificar oportunidades para a adoção de comportamentos mais sustentáveis.

1.2 Redução da Pegada de Carbono: A redução da pegada de carbono pessoal é um dos principais desafios individuais na luta contra o aquecimento global. Através da economia de energia, o uso de transporte sustentável, a redução do desperdício e a escolha de produtos com menor impacto ambiental, cada indivíduo pode contribuir para a diminuição das emissões de gases de efeito estufa.

1.3 Adoção de Práticas Sustentáveis: A incorporação de práticas sustentáveis em nosso cotidiano, como a compostagem de resíduos orgânicos, a redução do uso de plástico descartável e a preferência por alimentos locais e sazonais, pode fazer uma diferença significativa na preservação do meio ambiente.

**Seção 2: O Ativismo Ambiental e o Engajamento da Sociedade Civil**

2.1 O Papel do Ativismo Ambiental: O ativismo ambiental desempenha um papel crucial na defesa dos direitos do meio ambiente e na pressão por políticas públicas ambientalmente responsáveis. Movimentos e organizações ambientais têm o poder de mobilizar a sociedade e exigir ações efetivas na luta contra o aquecimento global.

2.2 A Força da Sociedade Civil: O engajamento da sociedade civil é fundamental para promover a conscientização sobre as questões ambientais e a importância da sustentabilidade. Iniciativas comunitárias, campanhas de conscientização e projetos de conservação liderados por organizações e grupos locais podem trazer mudanças significativas no cenário ambiental.

2.3 A Importância do Diálogo: O diálogo aberto e construtivo entre a sociedade civil, empresas e governos é essencial para encontrar soluções sustentáveis. A comunicação eficaz pode contribuir para a construção de parcerias, o compartilhamento de conhecimento e a criação de planos de ação mais efetivos na busca pela sustentabilidade.

## Seção 3: Como Cada Indivíduo Pode Contribuir para Enfrentar o Aquecimento Global

3.1 Conscientização e Educação: A conscientização e a educação são o ponto de partida para que cada indivíduo se torne um agente de mudança. Buscar informações sobre as causas e consequências do aquecimento global, além de se informar sobre práticas sustentáveis, pode motivar a adoção de ações mais responsáveis.

3.2 Redução do Consumo: O consumo consciente e responsável é uma forma eficaz de diminuir o impacto ambiental. Optar por produtos duráveis, reduzir o consumo de bens supérfluos e priorizar empresas comprometidas com práticas sustentáveis são atitudes que contribuem para a diminuição da pressão sobre os recursos naturais.

3.3 Uso Eficiente de Recursos: Utilizar os recursos naturais de forma mais eficiente é um passo importante para a sustentabilidade. Economizar energia, água e materiais, adotar práticas de reciclagem e reutilização e evitar o desperdício são ações que promovem a preservação do meio ambiente.

3.4 Mobilização e Engajamento: Cada indivíduo tem o poder de mobilizar e influenciar os outros ao seu redor. Compartilhar informações, promover discussões sobre questões ambientais e incentivar o engajamento da comunidade são maneiras de ampliar o impacto das ações individuais na busca pela sustentabilidade.

3.5 Participação Política: O envolvimento na política é uma forma poderosa de defender ações mais ambiciosas no enfrentamento do aquecimento global. Participar de debates, votar em candidatos comprometidos com a sustentabilidade e apoiar políticas ambientais podem contribuir para a adoção de medidas mais efetivas e abrangentes.

O Capítulo 8 destaca a importância da responsabilidade individual e coletiva na luta contra o aquecimento global. A mudança de comportamento, o ativismo ambiental e o engajamento da sociedade civil são instrumentos essenciais para a transformação necessária em prol da sustentabilidade.

Cada indivíduo possui um papel fundamental na construção de um futuro mais sustentável. Ao refletir sobre nossas ações e escolhas diárias, ao nos engajarmos em iniciativas ambientais e ao promovermos a conscientização em nossas comunidades, podemos contribuir para enfrentar o desafio do aquecimento global e garantir um ambiente mais saudável e equilibrado para as futuras gerações.

A responsabilidade individual se soma à responsabilidade coletiva, e somente através da ação conjunta é possível alcançar uma mudança significativa na preservação do meio ambiente. A hora de agir é agora, e é imprescindível que cada um assuma o compromisso de ser parte da solução na construção de um futuro mais sustentável para todos. Somente dessa forma podemos enfrentar o aquecimento global e proteger o nosso planeta para as gerações vindouras.

**Seção 4: Cooperação e Parcerias para a Sustentabilidade**

4.1 Parcerias entre Setores: A cooperação entre setores é essencial para promover a sustentabilidade de forma abrangente. Governos, empresas, organizações da sociedade civil e academia podem unir forças para desenvolver projetos e políticas ambientais integradas, ampliando o impacto das ações e buscando soluções inovadoras para os desafios do aquecimento global.

4.2 Cooperação Internacional: O aquecimento global é uma questão que transcende fronteiras nacionais, e a cooperação internacional é fundamental para enfrentar esse desafio de forma eficaz. Acordos e tratados internacionais, como o Acordo de Paris, fornecem um quadro para a colaboração global, estimulando países a reduzirem suas emissões e investirem em práticas sustentáveis.

## Seção 5: Educação e Conscientização Ambiental

5.1 Educação Ambiental nas Escolas: A educação ambiental é uma ferramenta poderosa para a formação de cidadãos conscientes e engajados na preservação do meio ambiente. Incluir a temática ambiental nos currículos escolares, com abordagens interdisciplinares e práticas de aprendizagem ativa, permite que as novas gerações compreendam a importância da sustentabilidade e adotem comportamentos mais responsáveis.

5.2 Campanhas de Conscientização: A comunicação eficaz é crucial para conscientizar a sociedade sobre o aquecimento global e suas consequências. Campanhas de conscientização, seja através de mídia tradicional ou plataformas digitais, têm o potencial de disseminar informações cientificamente embasadas, sensibilizando as pessoas e mobilizando-as para ação.

5.3 Engajamento das Comunidades Locais: O envolvimento das comunidades locais é fundamental para a implementação de soluções sustentáveis que sejam adequadas às realidades locais. Iniciativas de base, como projetos de reflorestamento, reciclagem comunitária e hortas urbanas, podem criar um senso de pertencimento e colaboração em prol da sustentabilidade.

## Seção 6: O Papel da Tecnologia e da Inovação

6.1 Tecnologias Sustentáveis: A tecnologia e a inovação desempenham um papel crucial na transição para um modelo mais sustentável. O desenvolvimento de tecnologias limpas, energias renováveis, eficiência energética e soluções para a captura de carbono são fundamentais para reduzir as emissões e mitigar os impactos do aquecimento global.

6.2 Inovação em Políticas Públicas: A inovação também é necessária no âmbito das políticas públicas. Governos podem incentivar a adoção de tecnologias sustentáveis por meio de subsídios, investimentos em pesquisa e desenvolvimento e estabelecendo regulamentações que favoreçam práticas ambientalmente responsáveis.

O Capítulo 8 ressalta que enfrentar o aquecimento global requer uma abordagem multifacetada, envolvendo a responsabilidade individual, o ativismo ambiental, o engajamento da sociedade civil, a cooperação entre setores, a educação e conscientização, além do uso estratégico da tecnologia e da inovação.

Cada pessoa, comunidade, organização e país tem um papel

fundamental a desempenhar na busca pela sustentabilidade. A soma de esforços, compromissos e ações coordenadas é essencial para superar os desafios impostos pelo aquecimento global e garantir um futuro mais seguro, próspero e ambientalmente equilibrado para as gerações presentes e futuras.

A responsabilidade individual e coletiva é um poderoso motor de mudança e transformação. Ao agir de forma responsável e consciente, cada indivíduo contribui para um mundo mais sustentável, e juntos, como sociedade global, temos o poder de fazer a diferença. A hora de agir é agora, e o enfrentamento do aquecimento global é um imperativo para preservar a beleza e a diversidade da vida em nosso planeta.

## Seção 7: Adaptação às Mudanças Climáticas

7.1 Necessidade de Adaptação: Além de buscar mitigar as causas do aquecimento global, é essencial também nos prepararmos para as mudanças climáticas que já estão em curso. A adaptação envolve ações para tornar as comunidades mais resilientes e capazes de lidar com os impactos das alterações no clima, como eventos climáticos extremos, aumento do nível do mar e alterações nos padrões de chuva.

7.2 Investimentos em Infraestrutura Resiliente: Governos e instituições devem investir em infraestrutura que leve em consideração as mudanças climáticas, como projetos de drenagem para evitar inundações, sistemas de alerta precoce para eventos climáticos extremos e estruturas mais resistentes a impactos ambientais.

7.3 Planejamento Urbano Sustentável: O planejamento urbano deve incorporar estratégias de adaptação, como o uso consciente do solo, a criação de áreas verdes, o estímulo à mobilidade sustentável e a promoção de bairros mais integrados e resilientes.

## Seção 8: Economia Circular e Sustentável

8.1 Economia Circular: A transição para uma economia circular é fundamental para a sustentabilidade. A economia circular se baseia no princípio de reduzir, reutilizar e reciclar materiais, evitando o desperdício e minimizando a extração de recursos naturais.

8.2 Empreendedorismo Sustentável: O empreendedorismo sustentável desempenha um papel importante na busca por soluções inovadoras e ecologicamente responsáveis. Empresas que adotam práticas sustentáveis e investem em tecnologias limpas contribuem para a construção de uma economia mais verde e resiliente.

## Seção 9: Políticas Públicas e Governança

9.1 Políticas Ambiciosas: A implementação de políticas públicas ambiciosas é essencial para enfrentar o aquecimento global de forma efetiva. Governos devem estabelecer metas claras de redução de emissões, promover o uso de energias renováveis, incentivar práticas sustentáveis nas indústrias e adotar medidas de conservação ambiental.

9.2 Participação da Sociedade Civil: A participação ativa da sociedade civil é crucial para influenciar a formulação de políticas públicas e garantir que sejam alinhadas com os interesses da população e do meio ambiente. Organizações não governamentais, movimentos sociais e cidadãos podem pressionar por ações governamentais mais efetivas e responsáveis.

## Seção 10: Responsabilidade Global

10.1 Solidariedade Internacional: O enfrentamento do aquecimento global requer solidariedade internacional. Países mais desenvolvidos têm a responsabilidade de ajudar as nações mais vulneráveis a se adaptarem às mudanças climáticas e a construírem uma economia mais sustentável.

10.2 Transferência de Tecnologia: A transferência de tecnologia limpa e sustentável para países em desenvolvimento é uma forma de promover a sustentabilidade em escala global. Compartilhar conhecimentos e recursos tecnológicos pode acelerar a adoção de práticas mais sustentáveis em todo o mundo.

O Capítulo 8 enfatiza que enfrentar o aquecimento global é um desafio coletivo que exige a responsabilidade de cada indivíduo, comunidade, empresa e governo. A mudança de comportamento, o ativismo ambiental, o engajamento da sociedade civil, a cooperação entre setores, a educação e conscientização, o uso estratégico da tecnologia e a implementação de políticas públicas ambiciosas são peças fundamentais na construção de um futuro mais sustentável.

O aquecimento global é um problema global que afeta a todos, independentemente de sua origem ou condição social. A solidariedade e a responsabilidade global são essenciais para enfrentar esse desafio e garantir um futuro seguro e próspero para as gerações presentes e futuras.

A hora de agir é agora. A união de esforços e a adoção de práticas mais sustentáveis em todas as esferas da sociedade são cruciais para preservar a beleza e a diversidade da vida em nosso planeta. Cada ação, por menor que seja, contribui para a grande transformação necessária para mitigar os impactos do aquecimento global e construir um futuro mais verde, resiliente e equitativo para todos. O momento é de união, solidariedade e ação conjunta, pois somente assim podemos enfrentar o desafio do aquecimento global e proteger o nosso lar comum.

## Seção 11: Educação Ambiental e Conscientização Pública

11.1 Educação Ambiental Contínua: A educação ambiental deve ser contínua e abrangente, desde a infância até a vida adulta. Programas educacionais que promovam a compreensão dos desafios ambientais e incentivem a adoção de comportamentos sustentáveis devem ser implementados nas escolas, universidades e espaços de educação não formal.

11.2 Mídia e Comunicação Responsável: A mídia desempenha um papel fundamental na conscientização pública sobre o aquecimento global. Jornalistas e comunicadores têm a responsabilidade de divulgar informações precisas e cientificamente embasadas, evitando a disseminação de notícias falsas e sensacionalistas que podem comprometer a compreensão do público sobre o tema.

## Seção 12: Investimentos em Pesquisa e Desenvolvimento

12.1 Financiamento à Pesquisa Científica: Investimentos em pesquisa científica são cruciais para o avanço do conhecimento sobre o aquecimento global e o desenvolvimento de tecnologias sustentáveis. Governos, empresas e instituições acadêmicas devem aumentar o financiamento à pesquisa na área ambiental, incentivando a busca por soluções inovadoras e eficazes.

12.2 Inovação Tecnológica: A inovação tecnológica desempenha um papel vital na busca por soluções sustentáveis. Novas tecnologias que permitam a redução de emissões, a captura de carbono, o uso mais eficiente de recursos naturais e a produção limpa de energia são fundamentais para enfrentar o aquecimento global de forma efetiva.

## Seção 13: Participação da Iniciativa Privada

13.1 Responsabilidade Corporativa: Empresas têm um papel importante na luta contra o aquecimento global. Adotar práticas sustentáveis em suas operações, investir em tecnologias limpas, promover a eficiência energética e reduzir suas emissões de carbono são ações que contribuem para a preservação do meio ambiente.

13.2 Incentivos à Sustentabilidade: Governos podem criar incentivos para estimular a responsabilidade ambiental das empresas, como subsídios para a adoção de tecnologias limpas, benefícios fiscais para práticas sustentáveis e programas de certificação ambiental que reconheçam boas práticas empresariais.

## Seção 14: Mobilização da Sociedade Civil

14.1 Engajamento Ativo: A sociedade civil tem o poder de influenciar as decisões políticas e ações governamentais. Movimentos sociais, protestos pacíficos, petições e manifestações são formas de mobilização que podem pressionar por mudanças e políticas mais alinhadas com a sustentabilidade.

14.2 Organizações Não Governamentais: O trabalho das organizações não governamentais é fundamental para promover a conscientização, a defesa do meio ambiente e a implementação de projetos e ações sustentáveis em diferentes setores da sociedade.

## Seção 15: Responsabilidade dos Governos e Políticas Públicas

15.1 Metas e Compromissos: Governos têm a responsabilidade de estabelecer metas ambiciosas de redução de emissões de gases de efeito estufa e implementar políticas públicas que incentivem a adoção de práticas sustentáveis em diversos setores da economia.

15.2 Transição Energética: Investir na transição para fontes de energia limpa e renovável é essencial para reduzir as emissões de carbono e combater o aquecimento global. Políticas que estimulem o uso de energias renováveis, como solar, eólica e hidrelétrica, são fundamentais para promover a sustentabilidade.

O Capítulo 8 enfatiza que a responsabilidade individual e coletiva é fundamental para enfrentar o aquecimento global e alcançar a sustentabilidade ambiental. A mudança de comportamento, o ativismo ambiental, o engajamento da sociedade civil, a cooperação entre setores, a educação e conscientização, o uso estratégico da tecnologia, a implementação de políticas públicas ambiciosas e a participação da iniciativa privada são peças-chave nesse processo.

Enfrentar o aquecimento global é um desafio complexo, mas com ações coordenadas em todas as esferas da sociedade, podemos alcançar um futuro mais sustentável e resiliente. Cada indivíduo, empresa, governo e organização tem a responsabilidade e o poder de fazer a diferença.

A preservação do meio ambiente e o combate ao aquecimento global são responsabilidades compartilhadas por todos. Somente através da colaboração, cooperação e comprometimento conjunto podemos enfrentar esse desafio global e garantir um planeta saudável e próspero para as gerações presentes e futuras. A hora de agir é agora, e a responsabilidade é de todos nós. Juntos, podemos fazer a diferença.

## Capítulo 9: Vislumbrando um Futuro Sustentável

Perspectivas otimistas e pessimistas em relação ao futuro

A importância da esperança e do trabalho conjunto na busca por soluções

O Capítulo 9 aborda as perspectivas otimistas e pessimistas em relação ao futuro em meio ao desafio do aquecimento global. Serão discutidos os diferentes cenários possíveis diante das ações tomadas atualmente para enfrentar a crise climática. Além disso, enfatizaremos a importância da esperança e do trabalho conjunto na busca por soluções sustentáveis.

## Seção 1: Perspectivas Otimistas em Relação ao Futuro

1.1 Avanços Tecnológicos e Inovação: As perspectivas otimistas destacam os avanços tecnológicos e a inovação como catalisadores para soluções sustentáveis. O desenvolvimento de tecnologias limpas, energias renováveis e sistemas de transporte eficientes pode reduzir significativamente as emissões de gases de efeito estufa e impulsionar a transição para uma economia de baixo carbono.

1.2 Conscientização Global: A crescente conscientização global sobre o aquecimento global e suas consequências tem levado a uma maior pressão sobre governos e empresas para adotarem políticas e práticas mais sustentáveis. Movimentos ativistas, como a greve global pelo clima, mostram a mobilização da sociedade civil e seu papel na busca por um futuro mais verde.

1.3 Cooperação Internacional: A cooperação entre nações é essencial para enfrentar o desafio do aquecimento global. Acordos e tratados internacionais, como o Acordo de Paris, demonstram a disposição dos países em trabalharem juntos em prol da sustentabilidade e na redução das emissões globais de carbono.

## Seção 2: Perspectivas Pessimistas em Relação ao Futuro

2.1 A Inação Diante do Aquecimento Global: As perspectivas pessimistas destacam o risco da inação diante do aquecimento global. A falta de ações efetivas para reduzir as emissões de gases de efeito estufa e promover práticas sustentáveis pode levar a consequências devastadoras para o meio ambiente e a sociedade.

2.2 Impactos Irreversíveis: As mudanças climáticas podem levar a impactos irreversíveis, como o derretimento das calotas polares, a elevação do nível do mar, a acidificação dos oceanos e a perda de biodiversidade. Esses efeitos podem afetar de forma significativa os ecossistemas e a qualidade de vida das pessoas.

2.3 Desigualdade e Vulnerabilidade: As perspectivas pessimistas também ressaltam a desigualdade e a vulnerabilidade de comunidades mais pobres e marginalizadas, que muitas vezes são as mais afetadas pelas mudanças climáticas. A falta de acesso a recursos e infraestrutura adequada pode aumentar os impactos negativos das alterações no clima.

**Seção 3: A Importância da Esperança e do Trabalho Conjunto**

3.1 Esperança como Motor de Mudança: A esperança é um poderoso motor de mudança e transformação. Acreditar na possibilidade de um futuro sustentável nos motiva a agir, a buscar soluções e a enfrentar os desafios do aquecimento global com determinação e perseverança.

3.2 Cooperação e Solidariedade: O trabalho conjunto é fundamental para alcançarmos um futuro sustentável. A cooperação entre governos, empresas, sociedade civil e academia é essencial para desenvolver soluções integradas e abrangentes, que considerem os diversos aspectos do desafio climático.

3.3 Responsabilidade Individual e Coletiva: Cada indivíduo tem a responsabilidade de contribuir para um futuro mais sustentável. Ao adotar práticas mais responsáveis em nosso cotidiano e ao apoiar iniciativas e políticas sustentáveis, somos agentes de mudança em busca de um planeta mais saudável e equilibrado.

## Seção 4: A Necessidade de Ação Imediata

4.1 A Urgência do Momento: O aquecimento global é um problema urgente que requer ações imediatas. A demora em agir pode levar a impactos cada vez mais severos no clima e no meio ambiente, dificultando a reversão de tendências negativas.

4.2 Mudança de Paradigma: Enfrentar o aquecimento global requer uma mudança de paradigma em relação ao desenvolvimento econômico e social. É necessário repensar nossos modelos de produção e consumo, priorizando práticas sustentáveis e equitativas.

## Seção 5: A Visão de um Futuro Sustentável

5.1 Energias Renováveis e Limpas: No futuro sustentável, as energias renováveis e limpas serão a principal fonte de energia, substituindo gradualmente os combustíveis fósseis. A produção de energia será descentralizada e acessível a todos, contribuindo para a redução das emissões de carbono.

5.2 Agricultura Sustentável: A agricultura sustentável será mais difundida, com práticas que promovem a conservação do solo, a redução do uso de agrotóxicos e a preservação da biodiversidade. O fortalecimento da agricultura familiar e o incentivo ao consumo de alimentos locais e sazonais serão aspectos importantes desse cenário.

5.3 Economia Circular: No futuro sustentável, a economia circular será predominante, com uma produção e consumo mais conscientes e responsáveis. O desperdício será reduzido ao mínimo e os recursos naturais serão utilizados de forma mais eficiente e sustentável.

O Capítulo 9 ressalta a importância de vislumbrar um futuro sustentável e de acreditar no poder da esperança e do trabalho conjunto para alcançar essa visão. As perspectivas otimistas e pessimistas nos mostram os diferentes caminhos que podemos seguir, e cabe a cada um de nós decidir qual trajetória queremos seguir.

A hora de agir é agora, e a responsabilidade é compartilhada por todos. Somente através da cooperação e da ação conjunta podemos enfrentar o desafio do aquecimento global e garantir um futuro mais verde e equitativo para as gerações presentes e futuras. A esperança é o combustível que nos impulsiona a buscar soluções e a transformar a realidade em prol da sustentabilidade.

Devemos unir esforços, superar desafios e agir com determinação para construir um futuro sustentável. Acreditar na possibilidade de um mundo mais equilibrado e saudável é o primeiro passo para tornar essa visão uma realidade. Com esperança e ação, podemos enfrentar o aquecimento global e garantir um futuro melhor para o nosso planeta e para todos que nele habitam.

## Seção 6: O Papel da Educação e da Conscientização

6.1 Educação para a Sustentabilidade: A educação desempenha um papel crucial na construção de um futuro sustentável. É fundamental incluir a temática ambiental nos currículos escolares, abordando questões como o aquecimento global, a conservação da biodiversidade, o consumo consciente e a importância da preservação dos recursos naturais. Além disso, a educação para a sustentabilidade deve promover o pensamento crítico, a reflexão ética e a busca por soluções inovadoras.

6.2 Conscientização da Sociedade: A conscientização pública é um dos pilares para a mudança de comportamento e a adoção de práticas sustentáveis. Campanhas de conscientização, eventos educativos, palestras e atividades comunitárias podem disseminar informações sobre o aquecimento global e inspirar as pessoas a agirem em prol do meio ambiente.

### Seção 7: Inovação Tecnológica e Desenvolvimento Sustentável

7.1 Tecnologias Verdes e Sustentáveis: A inovação tecnológica é uma aliada poderosa na busca por soluções sustentáveis. Tecnologias verdes, como a energia solar, eólica e a biotecnologia, são fundamentais para reduzir as emissões de gases de efeito estufa e promover a transição para uma economia mais sustentável.

7.2 Investimentos em Pesquisa e Desenvolvimento: Governos, empresas e instituições acadêmicas devem investir em pesquisa e desenvolvimento de tecnologias sustentáveis. Além disso, é importante promover a cooperação entre setores, incentivando parcerias público-privadas para impulsionar a inovação em prol do meio ambiente.

### Seção 8: Políticas Públicas para a Sustentabilidade

**8.1** Políticas Ambientais Ambiciosas: A formulação e implementação de políticas públicas ambiciosas são essenciais para enfrentar o aquecimento global. Governos devem estabelecer metas claras de redução de emissões, investir em energias renováveis, incentivar a economia circular e adotar medidas de conservação ambiental.

**8.2** Fortalecimento da Governança Ambiental: O fortalecimento da governança ambiental é necessário para garantir a efetividade das políticas públicas. Isso envolve a transparência, a participação pública, a prestação de contas e a cooperação entre diferentes esferas do governo e setores da sociedade.

### Seção 9: Responsabilidade Empresarial e Investimentos Sustentáveis

**9.1** Empresas Sustentáveis: Empresas têm um papel importante na construção de um futuro sustentável. Adotar práticas responsáveis em suas operações, investir em tecnologias limpas e promover a responsabilidade social e ambiental são ações que podem contribuir para a preservação do meio ambiente.

**9.2** Investimentos Sustentáveis: Investidores também têm o poder de impulsionar a sustentabilidade. Incentivar investimentos em projetos sustentáveis, empresas com práticas responsáveis e iniciativas de impacto social e ambiental pode direcionar recursos para a construção de um futuro mais sustentável.

### Seção 10: Cooperação Global e Solidariedade

10.1 Cooperação entre Nações: O aquecimento global é um desafio global que exige cooperação entre nações. Acordos e tratados internacionais, como o Acordo de Paris, demonstram a importância da cooperação internacional na busca por soluções sustentáveis.

10.2 Solidariedade e Apoio às Nações Vulneráveis: Países mais desenvolvidos têm a responsabilidade de apoiar nações mais vulneráveis a se adaptarem às mudanças climáticas e a desenvolverem práticas sustentáveis. A solidariedade global é fundamental para alcançar a equidade e a justiça climática.

O Capítulo 9 reflete sobre as perspectivas otimistas e pessimistas em relação ao futuro sustentável. Embora os desafios do aquecimento global sejam complexos, a esperança e o trabalho conjunto são fundamentais para enfrentar essa crise e garantir um futuro mais equilibrado e saudável para o nosso planeta.

Vislumbrar um futuro sustentável é um chamado à ação para cada indivíduo, empresa e governo. Acreditando na possibilidade de transformação e agindo com determinação, podemos superar os desafios do aquecimento global e construir um mundo mais sustentável para as gerações presentes e futuras.

A esperança é o combustível que nos impulsiona a agir, e o trabalho conjunto é a chave para o sucesso. Cooperação entre nações, políticas públicas ambiciosas, inovação tecnológica, responsabilidade empresarial e investimentos sustentáveis são algumas das ferramentas que temos à nossa disposição para enfrentar o aquecimento global.

O futuro sustentável que almejamos não é apenas uma visão, mas uma realidade possível e alcançável. Com perseverança, comprometimento e esperança, podemos transformar a realidade atual e construir um futuro mais verde e equitativo para todos. A hora de agir é agora, e a responsabilidade é compartilhada por cada um de nós. Juntos, podemos fazer a diferença em prol de um planeta mais saudável e sustentável.

# Conclusão

Mensagem final de incentivo à ação e à preservação da Terra

Caro leitor,

Ao chegarmos ao fim desta jornada pelo livro "A Responsabilidade do Homem Pós-Queda no Aquecimento Global", é chegada a hora de lembrarmos que a preservação da Terra é uma responsabilidade compartilhada por todos nós. As páginas que percorremos nos levaram a compreender a urgência da crise climática e a complexidade dos desafios ambientais que enfrentamos. No entanto, também nos mostraram que temos em nossas mãos o poder de fazer a diferença.

Cada um de nós, como indivíduos, empresas, comunidades e nações, possui a capacidade de promover mudanças positivas em prol do meio ambiente. Não podemos subestimar o impacto das pequenas ações e escolhas do dia a dia. Desde reduzir o consumo de energia até optar por produtos sustentáveis, cada passo em direção à preservação da Terra contribui para um futuro mais verde e equitativo.

Não devemos esquecer que somos guardiões desta preciosa criação divina, e cabe a nós protegê-la para as gerações presentes e futuras. As soluções para o aquecimento global e os desafios ambientais requerem a cooperação de todos. A união entre governos, empresas e sociedade civil é essencial para enfrentarmos a crise climática com determinação e esperança.

A ciência e a inovação nos oferecem ferramentas valiosas para a busca de soluções sustentáveis. A energia renovável, as tecnologias limpas e as práticas responsáveis podem impulsionar a transição para uma economia mais verde e menos poluente. É preciso incentivar a pesquisa e o desenvolvimento de alternativas que respeitem a natureza e garantam a saúde do planeta.

Cada ser humano é um agente de mudança, e é hora de agir. Sejamos ativistas em prol do meio ambiente, inspirando outros a se juntarem a essa causa. A conscientização pública é um dos pilares fundamentais para a transformação. Compartilhemos conhecimento, mobilizemos nossa comunidade e exerçamos nossa voz para a proteção da Terra.

Que este livro seja apenas o começo de uma jornada de ação e preservação. Vamos caminhar lado a lado, enfrentando os desafios com coragem, empatia e solidariedade. Cada gesto em defesa do meio ambiente é um presente para as gerações futuras, uma herança de amor e cuidado para com nossa casa comum.

Lembremos sempre que, juntos, somos mais fortes. E juntos, podemos criar um futuro sustentável e próspero para toda a vida que habita este planeta. A responsabilidade é nossa, e o tempo para agir é agora. Sejamos a mudança que queremos ver no mundo e, assim, deixemos um legado de esperança, respeito e harmonia para as gerações que virão.

Mãos à obra, corações em sintonia, e o futuro da Terra estará em boas mãos: nas nossas.

Luiz Tozzo

## Recapitulação Dos Principais Pontos Abordados No Livro

Ao longo deste livro, mergulhamos em uma profunda jornada de reflexão sobre a responsabilidade do homem no enfrentamento do aquecimento global. Recapitularemos agora os principais pontos abordados ao longo desta obra, que buscou conectar os ensinamentos bíblicos com as questões ambientais atuais:

O Jardim do Éden e a Responsabilidade Humana: Iniciamos nossa jornada com a exploração da narrativa do Jardim do Éden, onde o homem foi designado como guardião da criação divina. Compreendemos o papel original do ser humano como administrador e a relevância dessa missão no contexto atual do aquecimento global.

O Conceito de Aquecimento Global: Aprofundamo-nos na definição do aquecimento global e identificamos os principais fatores que contribuem para o aumento das temperaturas globais. A relevância desse fenômeno nos tempos modernos torna urgente a busca por soluções sustentáveis.

O Impacto do Homem no Meio Ambiente: Constatamos os impactos da exploração desenfreada dos recursos naturais, a emissão de gases de efeito estufa e a degradação ambiental. O entendimento dessas ações humanas sobre a natureza nos leva a refletir sobre nossa responsabilidade na crise climática.

O Aquecimento Global e suas Consequências: Exploramos as alterações climáticas em escala global e seus efeitos nos ecossistemas terrestres e aquáticos, bem como o aumento do nível do mar. A compreensão dessas consequências é essencial para a busca de soluções adequadas.

Ética, Espiritualidade e Sustentabilidade: Refletimos sobre a relação do homem com a natureza à luz de ensinamentos espirituais e abordamos a importância da ética da responsabilidade para com as gerações futuras. Abraçamos abordagens religiosas e filosóficas como ferramentas para impulsionar a sustentabilidade.

Desafios Sociais e Políticos: Reconhecemos a resistência à conscientização sobre o aquecimento global e destacamos a necessidade de políticas públicas ambiciosas e cooperação global. O enfrentamento da crise climática demanda a união de esforços entre nações e setores da sociedade.

A Busca por Soluções Sustentáveis: Exploramos as energias renováveis, tecnologias limpas e projetos de sucesso na área ambiental como alternativas viáveis. Compreendemos o papel da ciência e da inovação na construção de um futuro mais sustentável.

Considerações Finais sobre a Responsabilidade do Homem no Enfrentamento do Aquecimento Global

Confrontados com os desafios do aquecimento global, somos convocados a assumir a responsabilidade por nosso papel na preservação do meio ambiente. A conexão entre a narrativa bíblica e as questões ambientais atuais nos revela que a natureza é uma criação divina que deve ser respeitada e cuidada.

A compreensão dos principais fatores que contribuem para o aquecimento global nos faz perceber que a crise climática é uma consequência direta das ações humanas. No entanto, essa constatação não deve nos levar ao desespero, mas sim nos impulsionar à ação.

O convite à reflexão é um chamado para mudança. Somos chamados a agir como guardiões da criação, a proteger o meio ambiente para as gerações presentes e futuras. O enfrentamento do aquecimento global exige a cooperação de todos os setores da sociedade, desde os governos até os indivíduos.

Convite à Reflexão e à Ação em Prol de um Futuro Mais Harmonioso com a Natureza

O futuro da Terra está em nossas mãos. Cada ação, cada escolha que fazemos, tem o poder de impactar o meio ambiente. Somos chamados a ser agentes de mudança, a abraçar práticas sustentáveis e a promover a conscientização sobre a crise climática.

Este livro é um convite à reflexão profunda sobre nossa relação com a natureza e sobre o legado que deixaremos para as próximas gerações. O chamado à ação é claro: é hora de agir em prol de um futuro mais harmonioso com a natureza.

Que possamos ser inspirados pelas reflexões deste livro e pelo conhecimento adquirido ao longo desta jornada. Que possamos encontrar em nossas crenças, valores e conhecimentos a motivação para agir em defesa da Terra, nossa casa comum.

Juntos, como seres humanos, como cidadãos do mundo, temos o poder de transformar a crise climática em uma oportunidade de construir um futuro sustentável, equitativo e próspero para todos. Que nossas ações sejam guiadas pelo amor à Terra e à vida que ela abriga.

O futuro da Terra está em nossas mãos. O chamado à ação é agora.

# Referências Bibliográficas

Lista de fontes e referências utilizadas na elaboração do livro

Ao longo da elaboração deste livro, foram utilizadas diversas fontes e referências para embasar as análises, reflexões e argumentações apresentadas. A seguir, apresentamos a lista de algumas das principais fontes consultadas:

1. Bíblia Sagrada - Versão utilizada: Almeida Revista e Atualizada

2. IPCC - Painel Intergovernamental sobre Mudanças Climáticas. Relatórios de avaliação sobre o aquecimento global e suas consequências.

3. United Nations Framework Convention on Climate Change (UNFCCC) - Convenção-Quadro das Nações Unidas sobre Mudança do Clima. Documentos oficiais e relatórios sobre as negociações climáticas internacionais.

4. United Nations Environment Programme (UNEP) - Programa das Nações Unidas para o Meio Ambiente. Relatórios e estudos sobre a degradação ambiental e a busca por soluções sustentáveis.

5. World Wildlife Fund (WWF) - Fundo Mundial para a Natureza. Pesquisas e relatórios sobre biodiversidade, conservação e mudanças climáticas.

6. Scientific American - Revista científica que aborda questões ambientais e climáticas, com artigos de especialistas renomados.

7. Nature - Revista científica que publica pesquisas em diversas áreas da ciência, incluindo mudanças

climáticas e ecologia.

8. Environmental Protection Agency (EPA) - Agência de Proteção Ambiental dos Estados Unidos. Relatórios e informações sobre políticas e ações de proteção ao meio ambiente.

9. World Meteorological Organization (WMO) - Organização Meteorológica Mundial. Relatórios sobre o clima e os fenômenos meteorológicos extremos.

10.    Intergovernmental Science-Policy Platform on Biodiversity and Ecosystem Services (IPBES) - Plataforma Intergovernamental sobre Biodiversidade e Serviços Ecossistêmicos. Relatórios sobre a perda de biodiversidade e sua relação com as mudanças climáticas.

11.    National Aeronautics and Space Administration (NASA) - Administração Nacional de Aeronáutica e Espaço dos Estados Unidos. Estudos e informações sobre o clima e o meio ambiente.

12.    Environmental Defense Fund (EDF) - Fundo de Defesa Ambiental. Pesquisas e relatórios sobre soluções para problemas ambientais, incluindo o aquecimento global.

13.    World Resources Institute (WRI) - Instituto de Recursos Mundiais. Estudos e análises sobre questões ambientais, incluindo o impacto humano no meio ambiente.

14.    The Guardian - Jornal que cobre amplamente questões ambientais, mudanças climáticas e sustentabilidade.

15.    Yale Environment 360 - Revista online que publica matérias sobre meio ambiente, ciência e questões climáticas.

16.    1-OpenAI. "ChatGPT Homilética." Acesso em

Julho de 2023. (Https://openai.com/blog/chatgpt)

Essas são apenas algumas das fontes que contribuíram para enriquecer o conteúdo deste livro. As informações provenientes dessas referências foram cuidadosamente selecionadas e interpretadas com o objetivo de fornecer uma base sólida para a compreensão dos temas abordados.

O autor agradece a todos os especialistas, cientistas e organizações que dedicam esforços à pesquisa e à divulgação de conhecimentos sobre o meio ambiente e as mudanças climáticas, contribuindo para um maior entendimento da responsabilidade do homem no enfrentamento do aquecimento global.

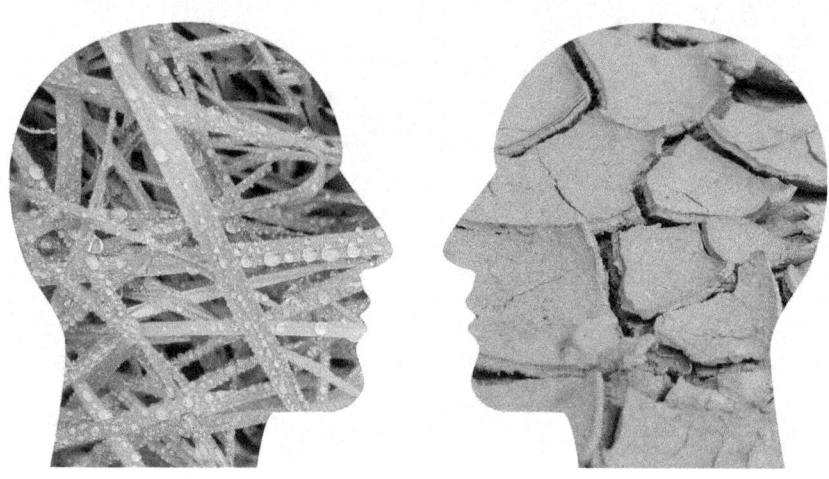

$CO^2$

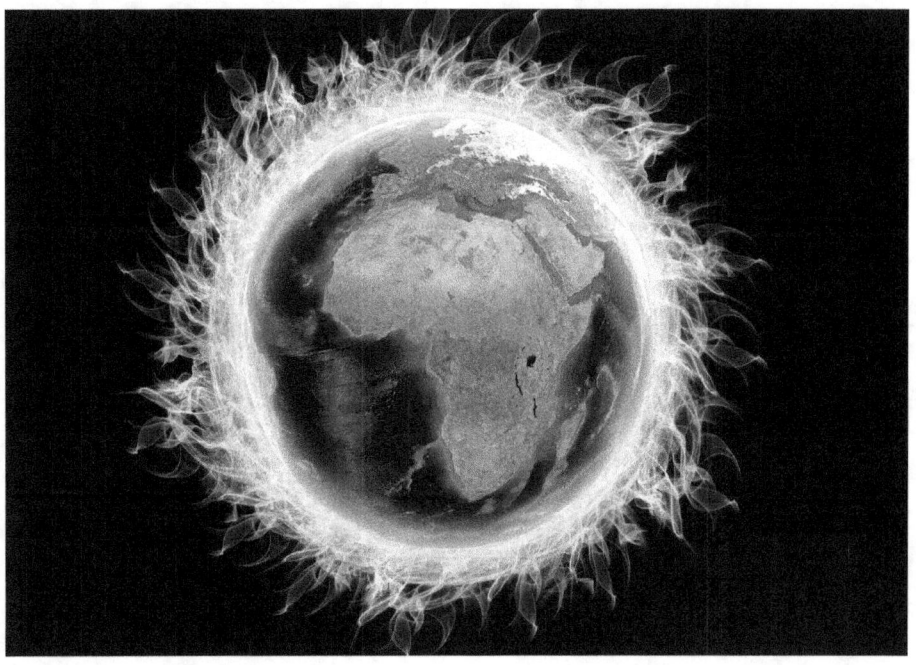